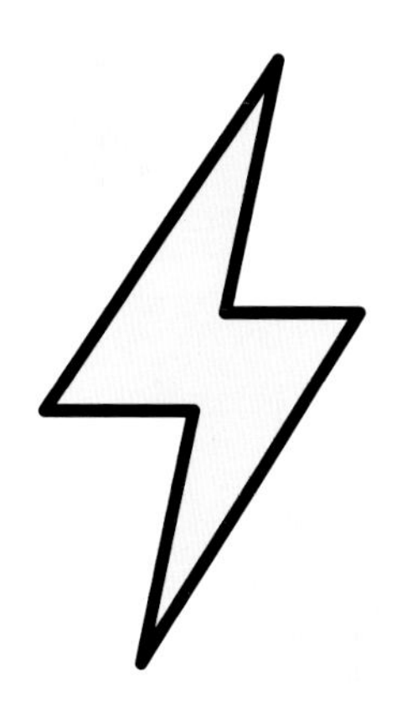

STEAM科学动起来

［英］罗布·贝迪 著 ［英］萨姆·皮特 绘 王晓军 译

南海出版公司

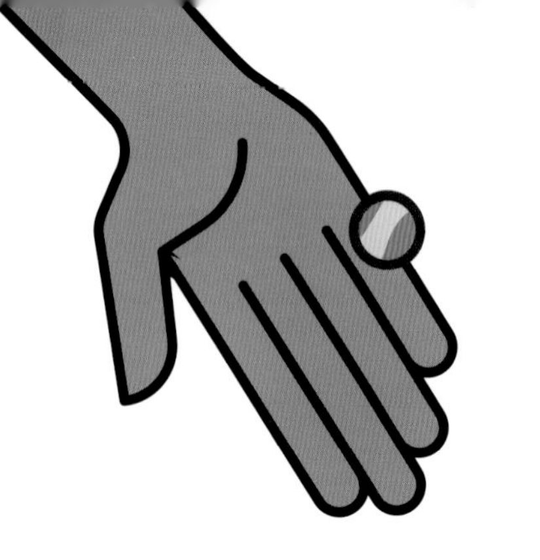

目录

新经典文化股份有限公司
www.readinglife.com
出 品

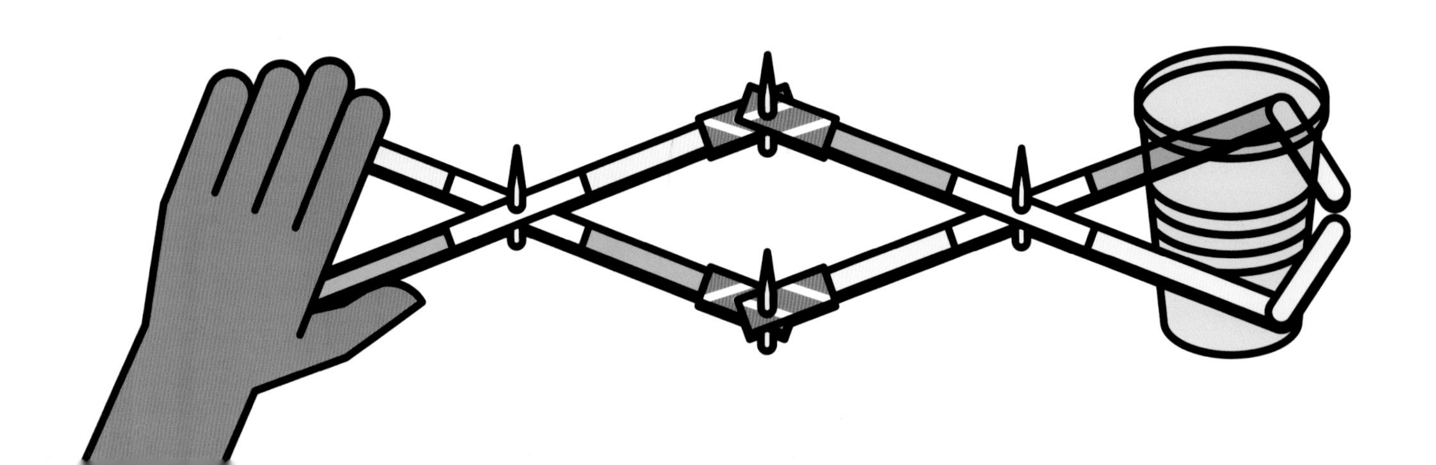

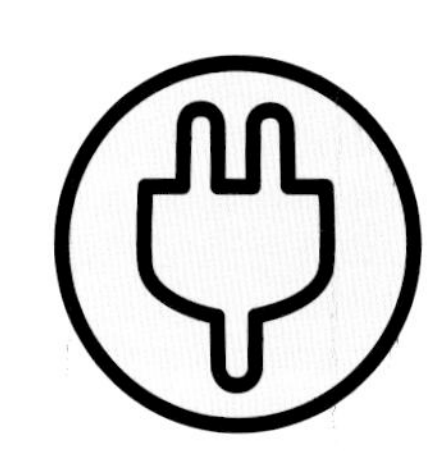

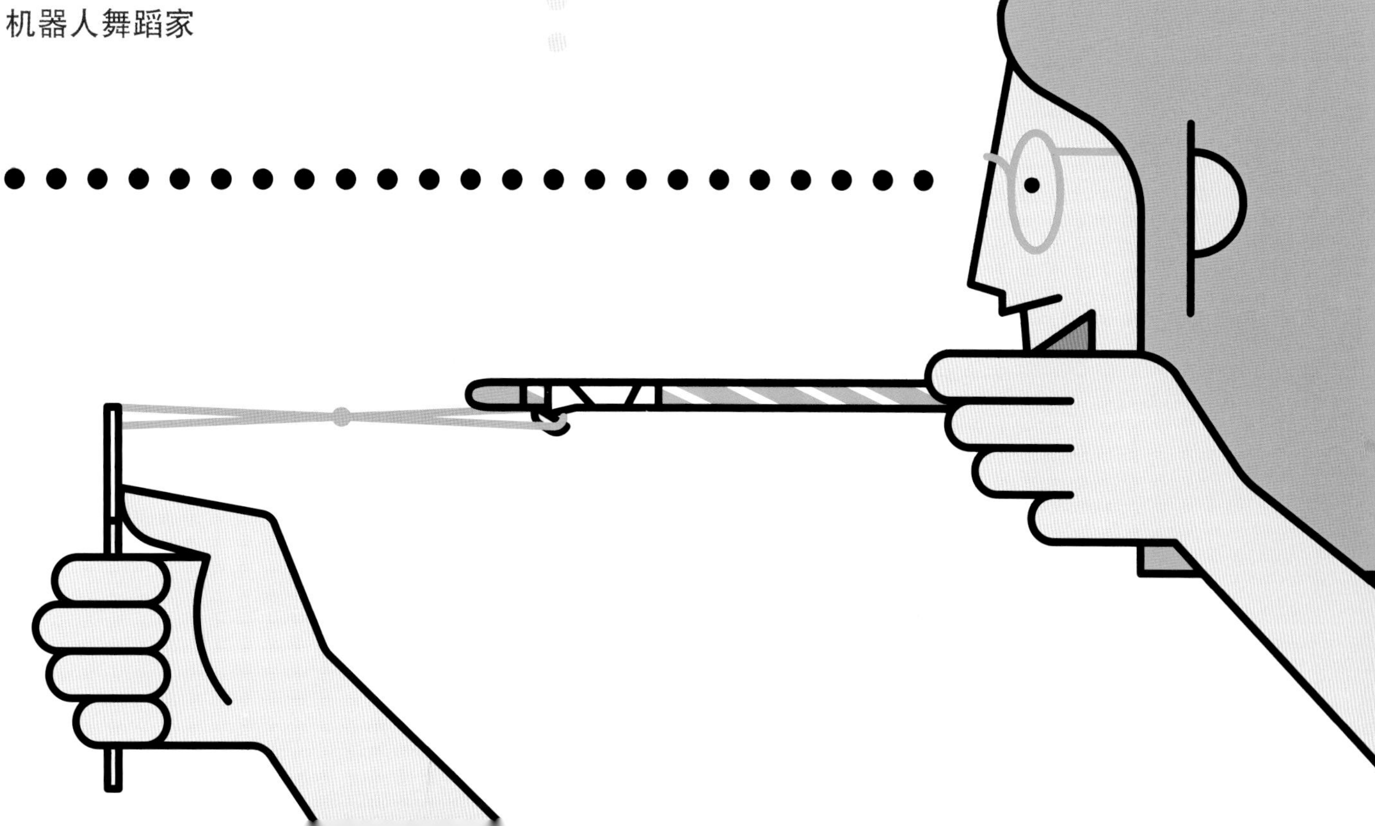

新手入门

欢迎欢迎！欢迎来到了不起的科学世界。你会发现那些原本堆在家中墙角毫不起眼的杂物，忽然间变得神奇无比！只有在一双灵巧的小手中——对，就是你的巧手——这些乱七八糟的杂物才能够展露让人惊叹的魔力！

科学即探险！

在探索科学的道路上，我们需要不断实验、不断尝试解决问题。这本书会交给你各种不同的实验任务，并不断挑战你的科学技能。跟随书中详细的指导，你不仅能一步步掌握新技能，还可以亲手打造好玩耐用的宝贝。这些任务难易程度各不相同，有些易如反掌，有些颇费周折，让你在动手动脑之余也能培养耐心。

每一页的页码下方都有一个小图标。这些图标分为 3 种，代表这一页的实验涉及哪方面科学知识：

结构——设计并搭建独立物体以用于承重（比如桥梁）或抵抗外力（比如地震）。

机械——制作会动的东西。

电气——利用电力、电子学及磁力来进行创造。

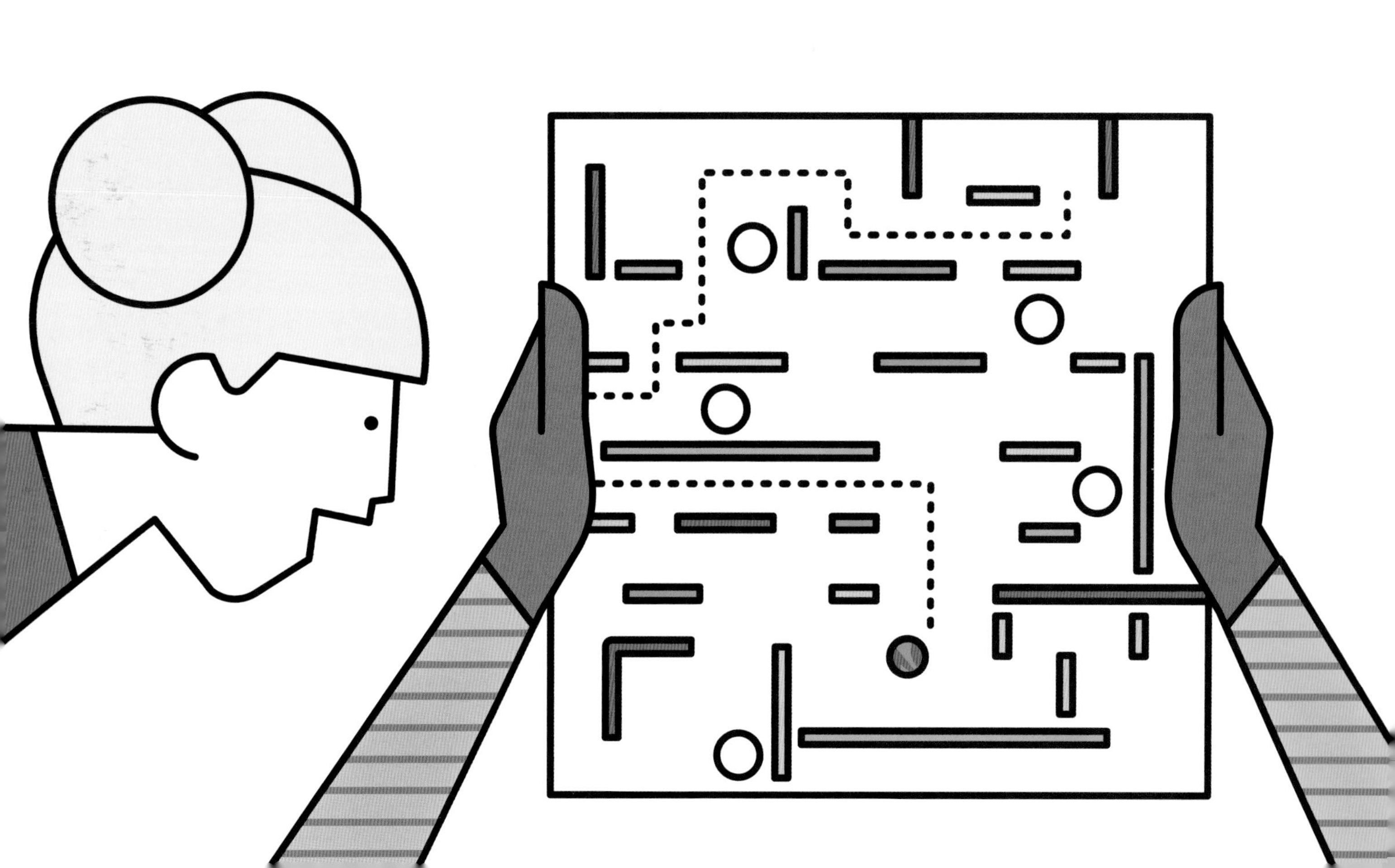

安全第一！

我们用了交通灯的 3 种颜色来标明每一项实验的安全系数，这样你就会知道哪些可能会有危险的实验应该在大人的陪同下再做。我们把这些“交通灯”的颜色做成页码的背景色，使实验的安全系数能一目了然：

绿色——不需要任何大人在场！你完全可以肆无忌惮——不，放心大胆地——独自完成。不过，动手之前还是先和大人打声招呼吧。

橙色——实验中的某些步骤会用到刀、火或其他需要小心使用的材料，所以需要有大人在场指导，甚至动手协助你完成。

红色——这项实验的部分甚至所有步骤都必须谨慎对待，你必须拉着大人一起动手，绝不能独自贸然尝试。当然，你仍然是实验的主心骨，大人只是负责完成危险操作的助手而已。

相信你一定会严格遵守使用规定和卫生安全建议，成为一名专业的小小科学家！

科学原理是什么？

每项任务旁边都会有这样一个对话框，为你揭秘本项实验背后的科学原理，让你知其然并知其所以然。

现实世界

这个地方会带你从书本理论走入现实世界，看看这项实验如何应用在我们的生活中。

学无止境

这类小方框不仅会教你如何进一步改进实验，还会让你的科研能力更加强大！

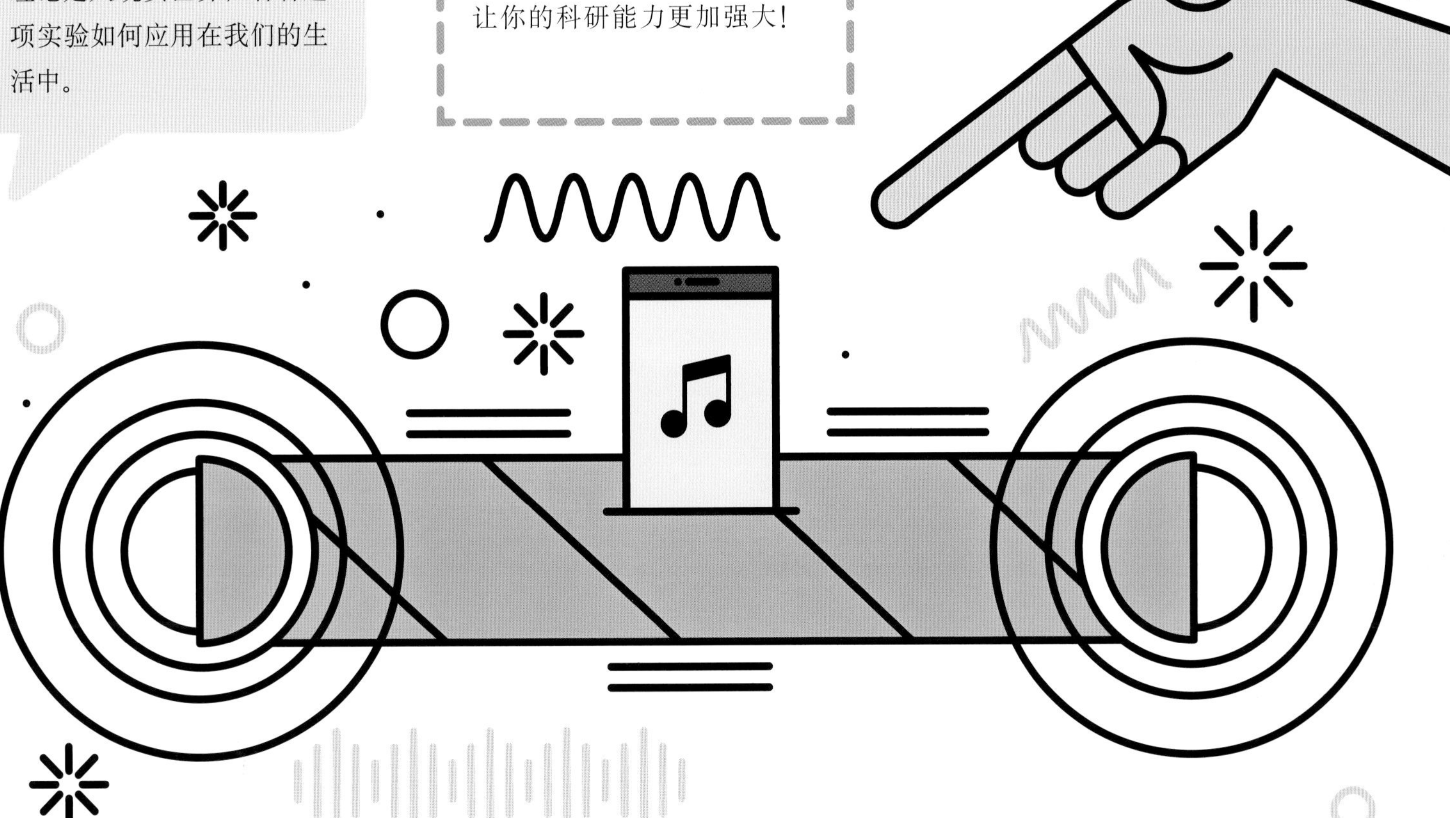

必备工具

工欲善其事，必先利其器。小小科学家必须要以完备的工具武装自己。尽管实验中的大部分器材都是平时家中常见的东西，如图钉、皮筋、卡纸、硬纸盒、细绳、纸杯等，但还是有些特殊的工具及材料需要专门准备。你可以在手工用品店或网上购置这些工具及材料。

电池

在某些实验中，你会用到一种3伏圆形锂电池，这种电池看上去很像一枚硬币或纽扣，所以也叫作纽扣电池。还有些实验要用到9伏积层电池，也就是那种长着两条“短腿”的长方体电池。

铜箔胶带

这种胶带一面有黏性，另一面可以导电！

铜线

一般用到电的实验就会用到铜线。不带绝缘层的裸线最好用，但比起带绝缘层的铜线，它不大容易买到。

美工刀

比起普通刀具来，用锋利的美工刀切割各种质地的材料更加得心应手。不过美工刀锋利无比，使用时一定要请大人帮忙。

手工木棒

当然，你也可以用冰棒棍。只不过实验中会用到大量木棒，那你就得买下（还得吃掉）好多好多的冰棒——不过，这也许正中某人下怀呢！

鳄鱼夹

自己动手排布电线做电路时，这些金属夹子必不可少。

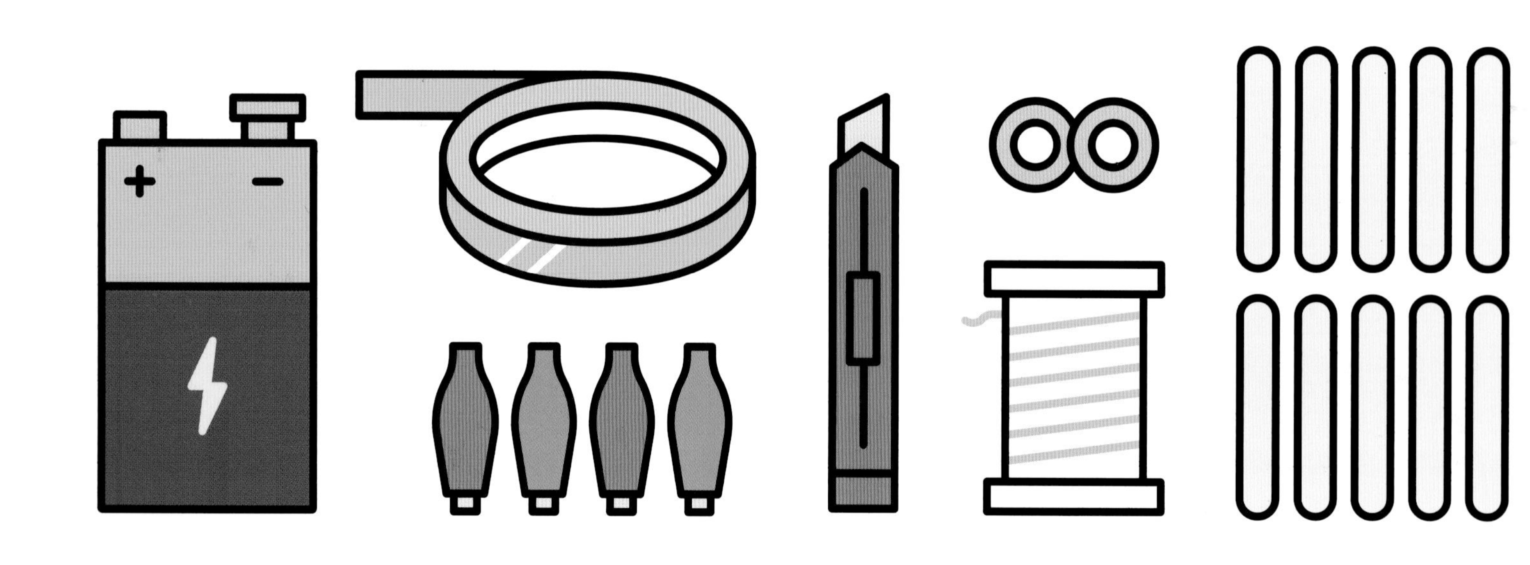

防水胶带

有些实验用普通胶带可行不通。这种强力胶带也叫管道胶带，不仅黏性强，还加了一层聚乙烯，能起到防水作用。

赫宝（HEXBUG）小型振动机

这些小巧便宜的机器自带马达，任何需要振动的实验都能用到，且绝对不辱使命。

热熔胶枪

当然，只要能粘东西，任何胶都可以。但在动手操作本书的系列实验时，热熔胶枪无疑是好玩又高效的最佳利器。你注意到了没？这个工具的名字暗藏玄机！枪会发热，胶也会变热，所以使用时必须有大人在场，而且一旦用完要立即关闭电源。

LED 灯泡

这些小小的LED灯泡也叫发光二极管，它们都长着两条“腿”——一条正极一条负极，一旦接通电源就会立刻亮起来。

纸胶带

是胶带又像纸，能粘到任何表面上，还能轻易撕掉而不留一丝痕迹。

钕磁铁

这种磁铁和普通磁铁用法相同，吸力超强，是科学实验中的最佳选择。不过，当你伸手触摸它时，指尖会有一丝麻麻的感觉。如果在钕磁铁周围，几乎一切金属物品都可能被吸过去，所以使用时千万要注意让它远离电话、电脑等电器设备哦！

管道保温棉

这种塑料泡沫软管一般用来裹在家里的水管或暖气管道上，起保温作用。准备一些就好，我们的实验偶尔会用得到。

量角器

学会正确使用量角器，找到最精准的角度，一项工程实验的成败或许就在于此。

圆环磁铁

就是圆环形的磁铁，有人把它们叫作“甜甜圈磁铁”，是不是很形象呢！

万事俱备，只等你动起手来，边玩边学！记住，如果在动手操作的过程中对一些工具的使用不太有把握，不妨呼叫大人的“场外援助”。

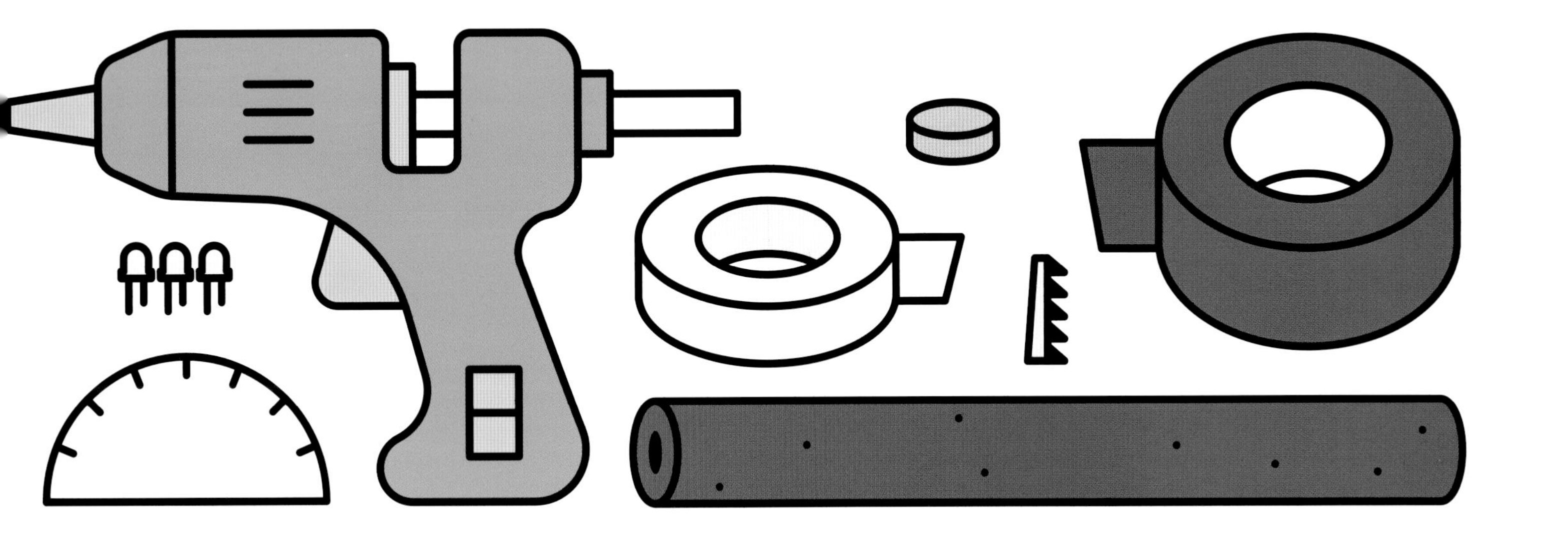

纸柱子

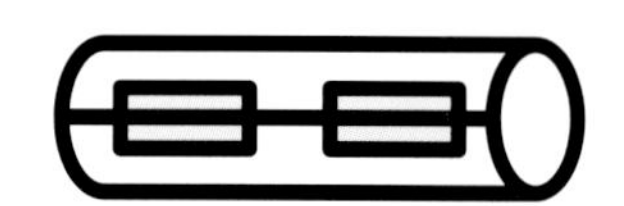

普普通通的 4 张白纸能支撑起多少本厚厚的书？答案或许会让你大吃一惊……

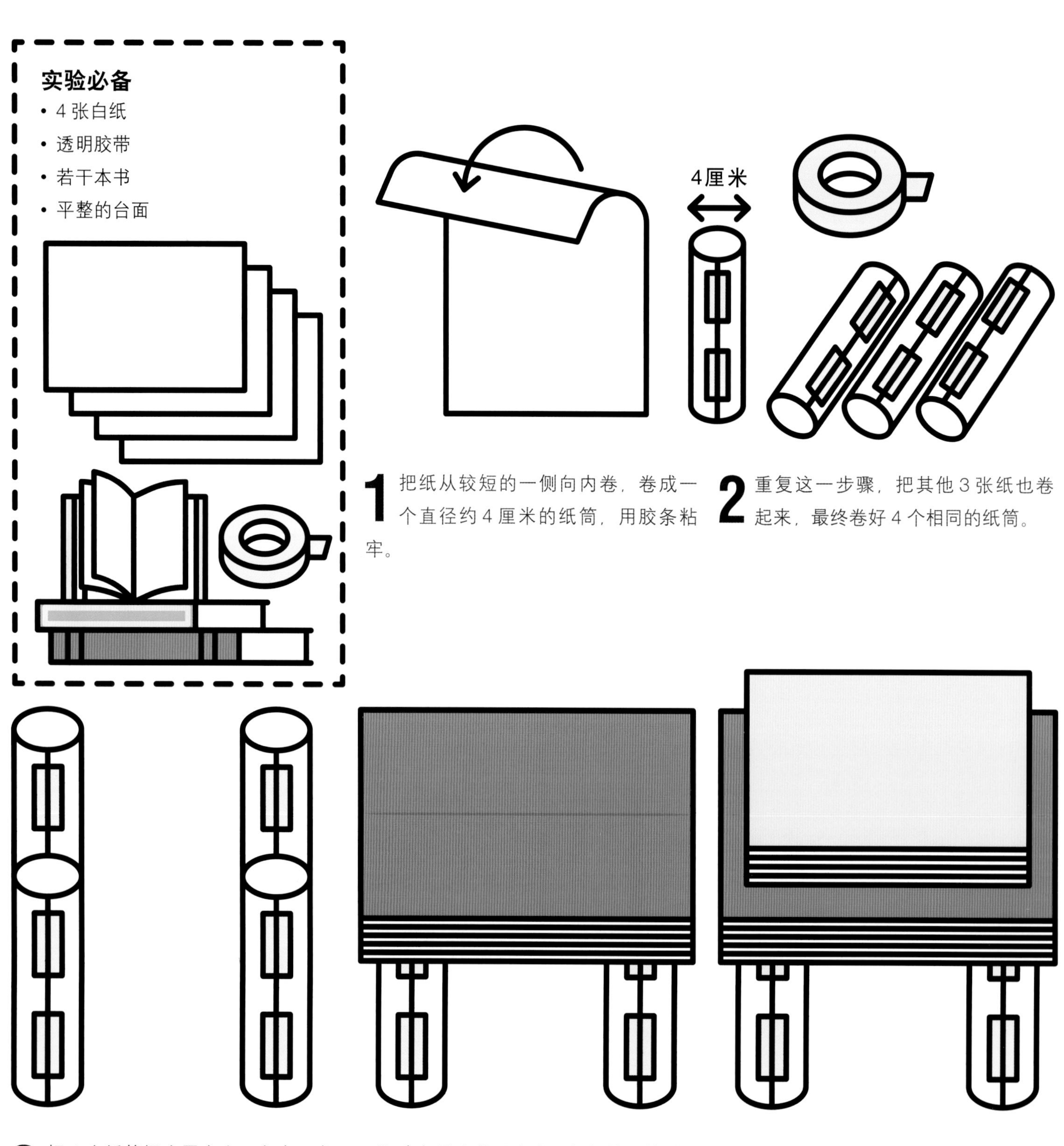

实验必备

- 4 张白纸
- 透明胶带
- 若干本书
- 平整的台面

1 把纸从较短的一侧向内卷，卷成一个直径约 4 厘米的纸筒，用胶条粘牢。

2 重复这一步骤，把其他 3 张纸也卷起来，最终卷好 4 个相同的纸筒。

3 把 4 个纸筒摆在平台上，各占一角，摆成一个比最大的书本稍小一点的长方形。

4 拿起最大的那本书，轻轻地平放到 4 根纸筒柱子上。即使不小心把柱子碰倒也没关系，重新立起来，再试一遍。

5 纸筒柱子顶着书，像一张桌子一样安稳。接下来再放上第二本书。

6 只要柱子仍稳稳当当地立着，就持续不断地把书一本一本叠放上去。在被压垮之前，你的纸柱子一共能撑起多少本书？

科学原理是什么？

一张平摊的白纸脆弱无力，可一旦把它卷成一个纸筒，就会变得相当坚韧，可以承担起不少重量。把 4 根柱子摆放到 4 个角的位置，书本的重量就会均匀地分散到 4 根柱子上，它们会共同分担这些书的重量。这样就达到了承重的完美平衡。

学无止境

你可以试着把 4 根柱子按照不同的位置排列，看看长方形以外的其他形状会不会有不同的承重效果。比如，用一根柱子顶在书本中央，或是用两根柱子摆成一条线，又或是把两根柱子摆在书对角线的位置……慢慢尝试，看哪种组合效果最佳。

牛顿
万年摆

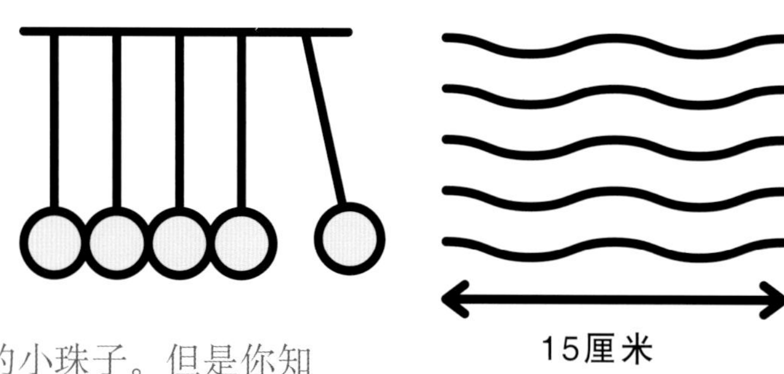

你很可能见过那一排排不停碰撞、歇不下来的小珠子。但是你知道吗？这个牛顿摆里藏着的小秘密，正是所有科学家珍藏的秘籍呢！

1 裁剪出长度均为 15 厘米的 5 根细线。

实验必备

- 24 根手工木棒
- 一根塑料吸管
- 5 颗玻璃弹珠
- 细线
- 剪刀
- 直尺
- 热熔胶枪
- 笔

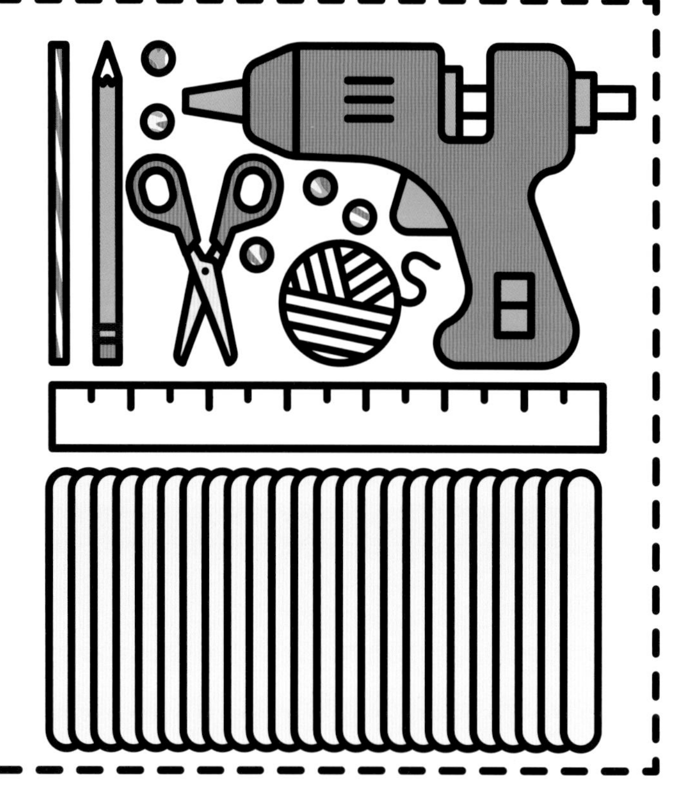

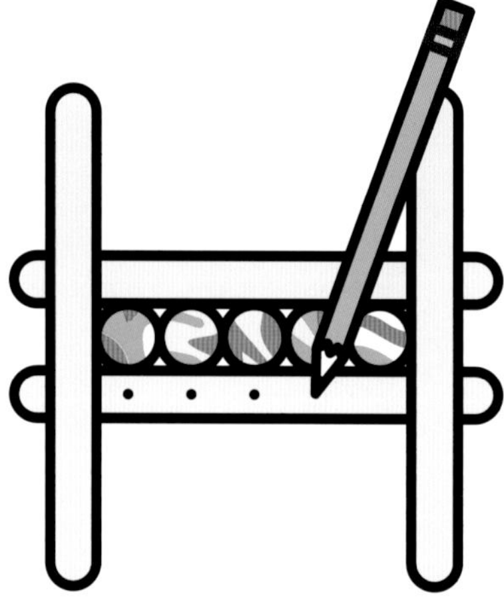

2 两根手工木棒平行摆放，把玻璃弹珠一颗一颗紧紧挨着排列在手工木棒中间，两端再用两根手工木棒挡起来固定好。接着，用笔在其中一根手工木棒上标记出每颗玻璃弹珠的中心位置。

3 把玻璃弹珠暂时放到一边，把标记着 5 个等距离的点的手工木棒和另外一根并排放置，再借助直尺在两根手工木棒上画出 5 条间距相等的平行直线。

4 启动热熔胶枪，把 5 条细线的一头分别按照刚刚画出的短线粘到其中一根手工木棒上，尽量对准手工木棒的边缘。

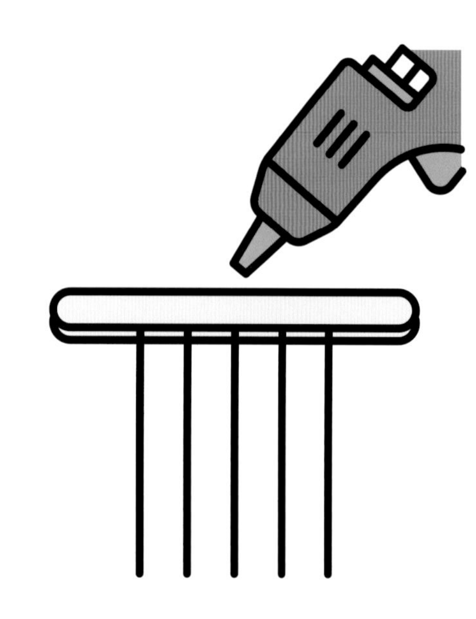

5 像做三明治一样，在线的上方再粘一根没有画线的手工木棒，把线夹在中间粘牢。

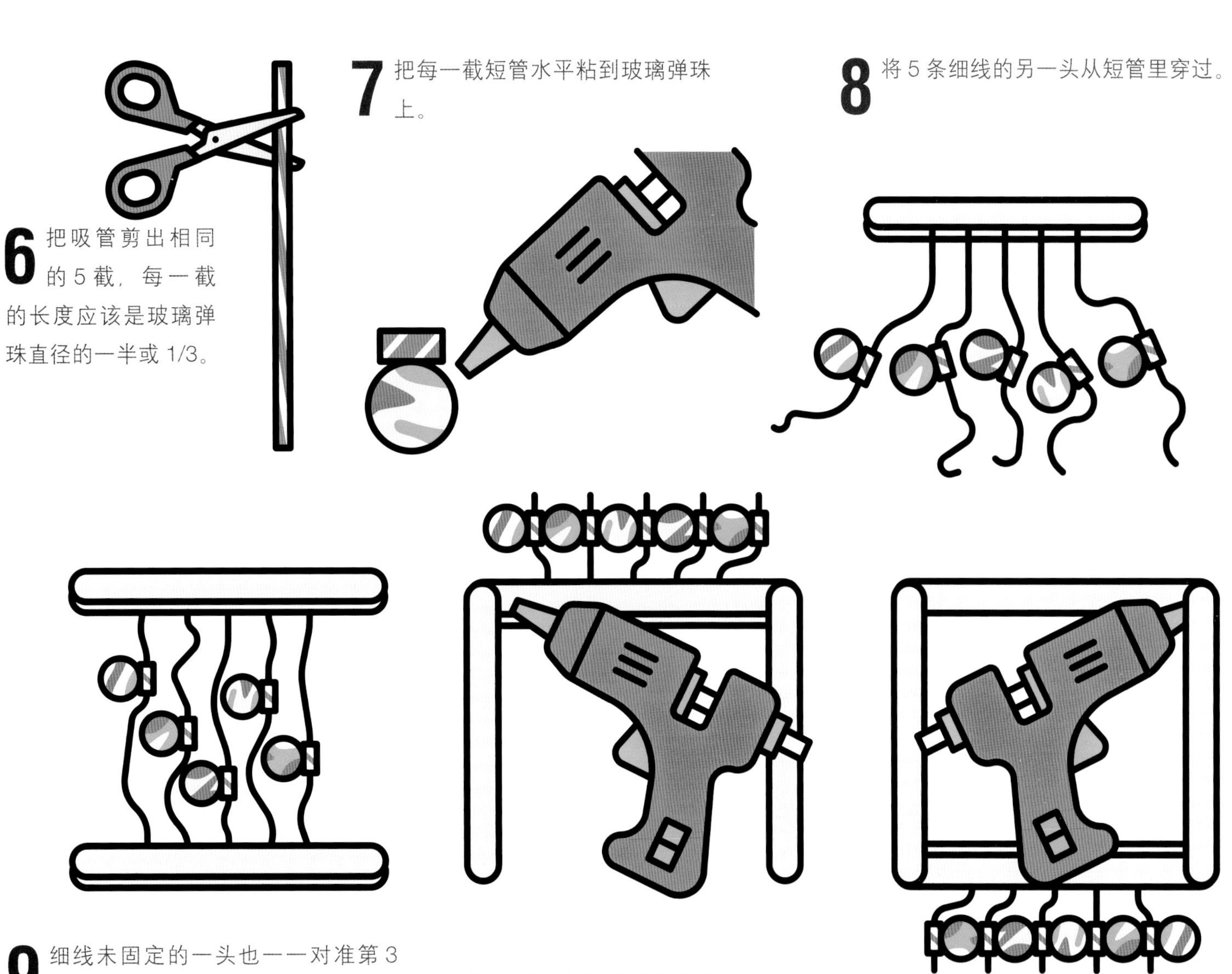

6 把吸管剪出相同的 5 截，每一截的长度应该是玻璃弹珠直径的一半或 1/3。

7 把每一截短管水平粘到玻璃弹珠上。

8 将 5 条细线的另一头从短管里穿过。

9 细线未固定的一头也一一对准第 3 步中手工木棒上画好的直线粘好，注意线头要对齐手工木棒的边缘。同样在线上粘一根没画线的手工木棒，再做个“三明治”把线头夹起来。

10 接下来该搭建架子了。在一个“三明治”手工木棒的两端各挤一滴热熔胶，以垂直角度各粘上一根手工木棒。

11 把整个半成品翻转过来，在第 10 步里新加的两根手工木棒底端各挤一滴热熔胶，再取一根新的手工木棒把它们连接起来。

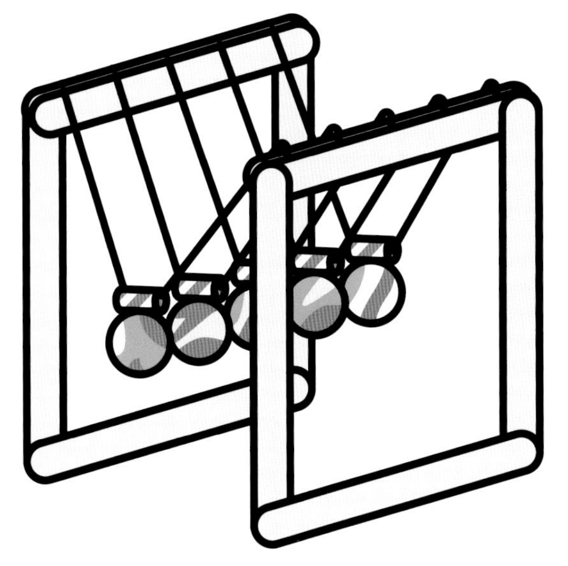

12 重复第 10 和 11 步，把另外一个“三明治”手工木棒也搭成一个正方形架子。

13 再取一根手工木棒，在中间标记出相距 7.5 厘米的两个点。

14 用这根手工木棒做参照，在另外 9 根手工木棒上同样标出相距 7.5 厘米的两个点，再按照这些点截断手工木棒，最终做出 10 根均为 7.5 厘米长的木棒。对齐摆好。

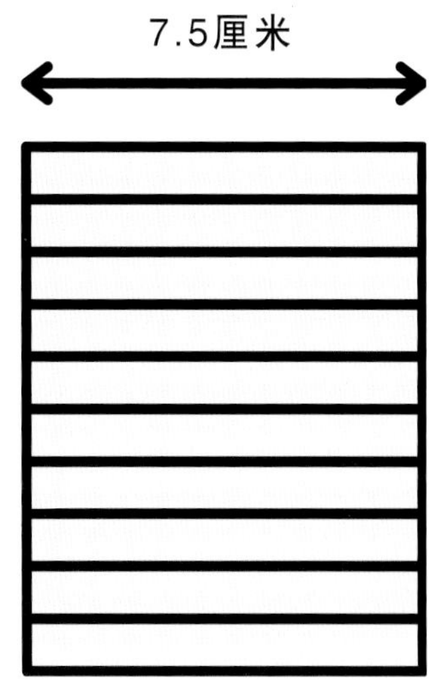

15 借助直尺将这些短木棒对齐，然后在另一端顶部粘上一根手工木棒。

16 再在这些木棒的另一端也粘上一根手工木棒，这样就做成了牛顿摆的基座。

17 等所有胶都凝固后，再给基座的一侧继续上胶，把它和一个方形架子的底部木棒粘到一起。要用手按一会儿，等胶水干透后再进行下一步。

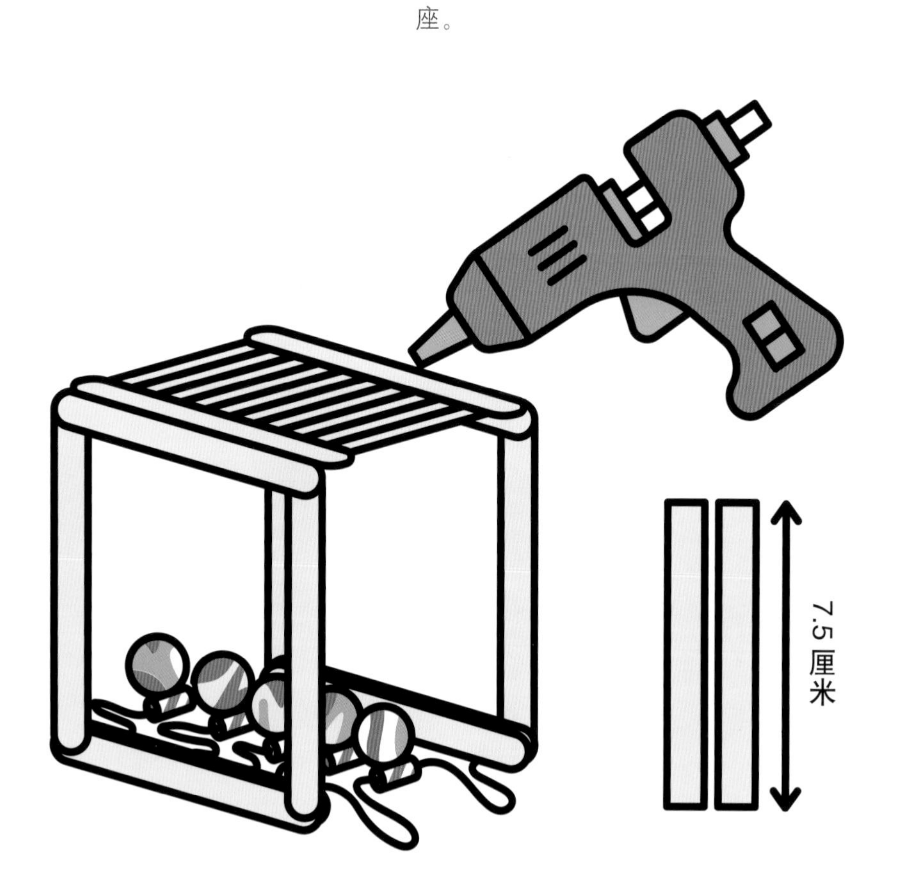

18 给基座的另一侧也挤上胶水，像上一步一样把它和另一个方形架子的底部木棒粘到一起。等胶水干透后，再把整个架子翻转过来。

19 截出两根长7.5厘米的木棒。

20 把这两根木棒分别粘到牛顿万年摆上部的前端和后端，这样整个架子会更加稳固。

21 看看玻璃弹珠是否自然垂吊在同样高度的一条水平直线上，如果不是，要再调整一下。等一切就绪，把最末端的一颗玻璃弹珠向外拉出来，再放手让它荡回来撞向另外 4 颗珠子。你会发现，撞击后，中间的 3 颗珠子几乎一动不动，但另一头最外端的那颗珠子却会受力飞出，再荡回来重复撞击。

科学原理是什么？

这个牛顿摆展示了动量守恒和能量守恒定律。当第一颗移动的玻璃弹珠撞到静止的 4 颗珠子时，会把动能传递给下一颗珠子。这股在珠子间逐颗迅速传递的能量不会减弱，而是会最终传递到另一端的最后一颗珠子，并使它荡出去。理论上来说，即使有 1000 颗玻璃珠，这股撞击的能量也会从第一颗开始逐颗传递过去，直到第 1000 颗。当然，这个牛顿摆必须使用本身不会消耗太多能量的珠子，否则就会失效。玻璃弹珠和细线的效果很好，但能量还是会在一次次的撞击中被渐渐消耗掉，所以这个摆最终会停下来。

学无止境

可以试试把一头的两颗玻璃弹珠同时拉起来再放手，然后观察另一端的玻璃弹珠会有什么反应。另外，如果能够找到 5 颗一模一样的不锈钢弹珠，效果会更好，因为更重的金属弹珠会产生更大的动能。

简易小电路

让人眼前一亮才是好主意！少许胶带、一枚电池、再加一个 LED 灯泡，我们就能做出一套简易的小电路。

实验必备

- 一张 A4 卡纸
- 记号笔或铅笔
- 直尺
- LED 灯泡
- 铜箔胶带（带导电面）
- 透明胶带
- 3 伏纽扣锂电池
- 剪刀

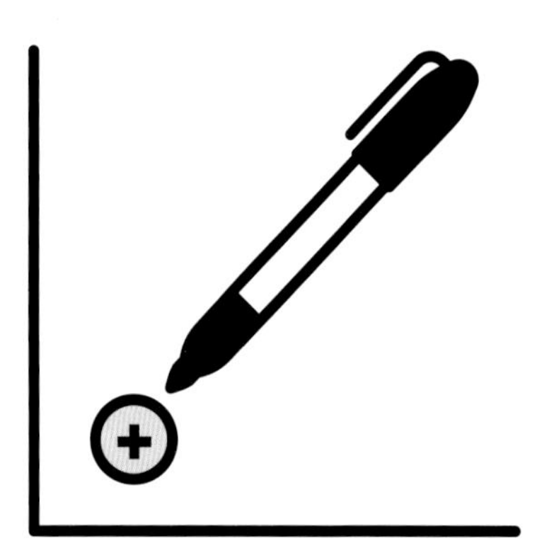

1 把纽扣电池放到卡纸的一角上，用笔沿电池外缘画一个圆。

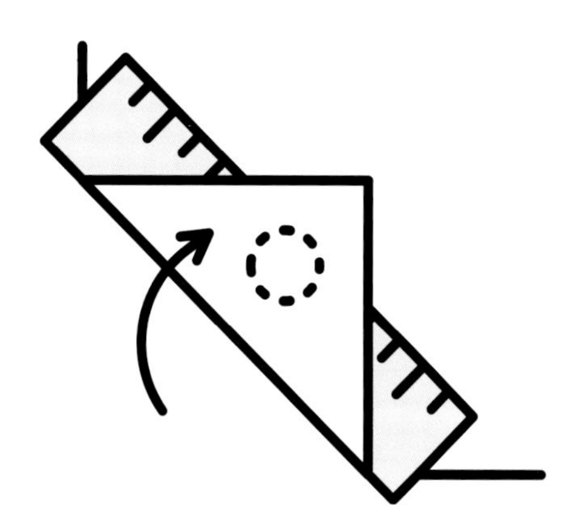

2 在画有圆的一角借助直尺画一条直线，使圆落在直线外，再将这一角沿直线向内折。

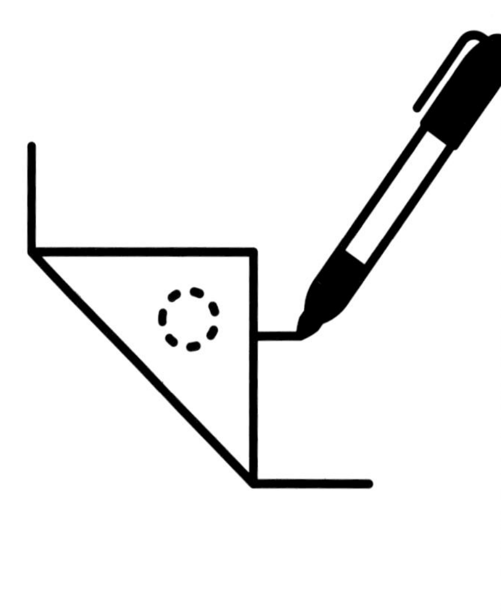

3 估计出电池圆圈的中心位置，在折角外画线做个标记。

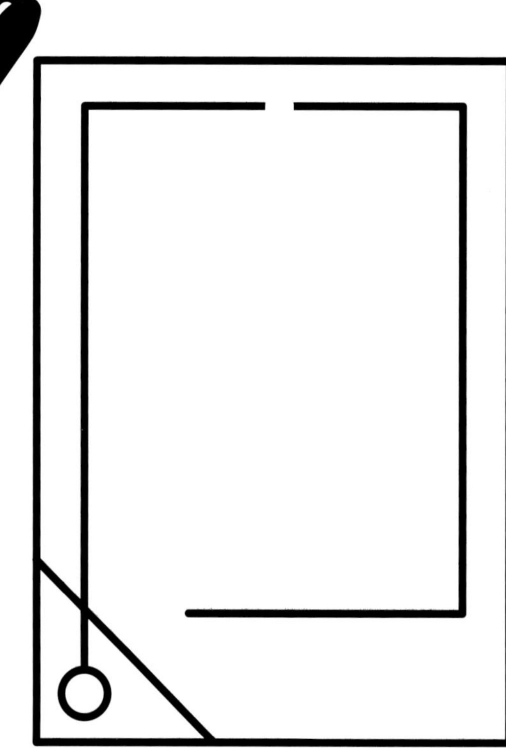

4 从圆圈出发，如图所示顺着卡纸四边按顺时针方向画出一个不闭合的长方形来，以第 3 步的标记为终点。长方形要留出两个空隙：一处在卡纸的顶部正中央，另一处在终点。

科学原理是什么？

金属铜是导电体。铜箔胶带和电池负极接触后，电流就延伸至灯泡的负极。当你把卡纸的电池那一角折叠回去后，电池的正极就会通过铜箔胶带与灯泡的正极连通。这样一来，就形成了闭合电路。

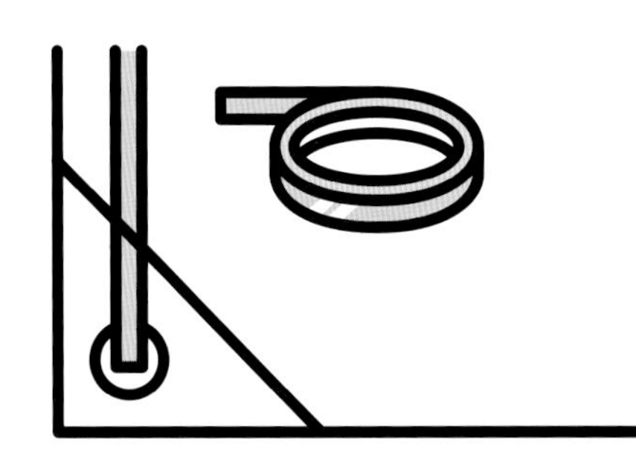

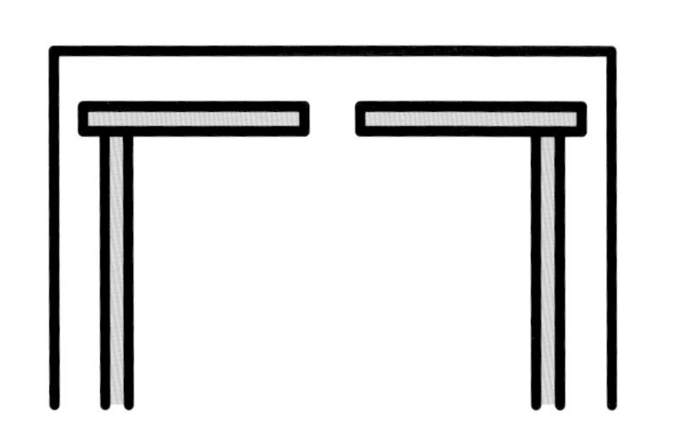

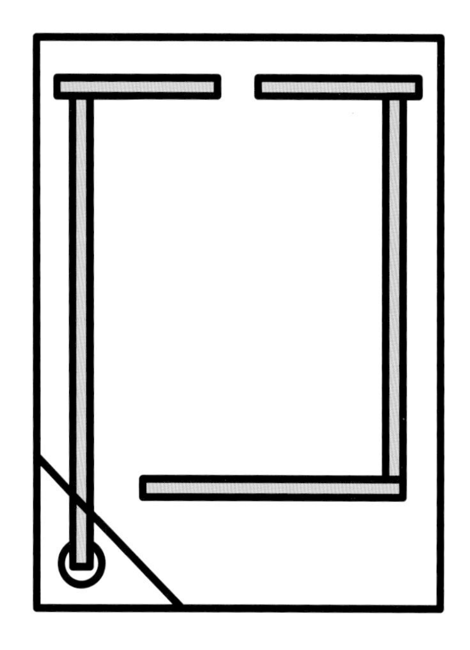

5 把铜箔胶带一头的绝缘膜撕掉，从圆圈中心开始，沿着卡纸左侧的直线一直粘贴过去，粘到距离卡纸顶端约5厘米的地方，把铜箔胶带剪断。

6 同样，在卡纸顶端也沿着直线水平粘上铜箔胶带，注意要在中间留出一点空隙。

7 继续沿着长方形的右侧和底部粘贴铜箔胶带，并在靠近电池圆圈的地方留一个更大些的空隙。

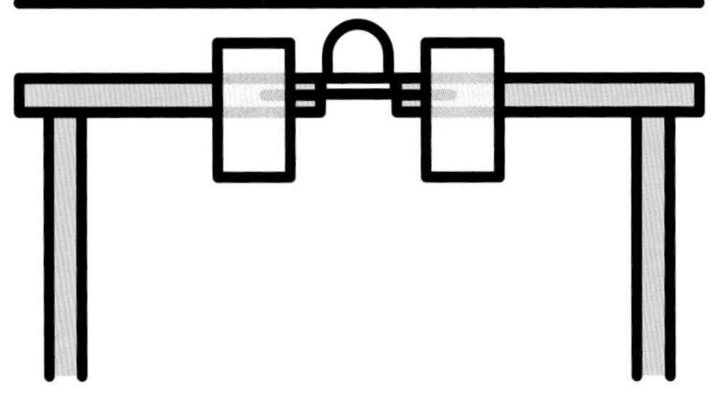

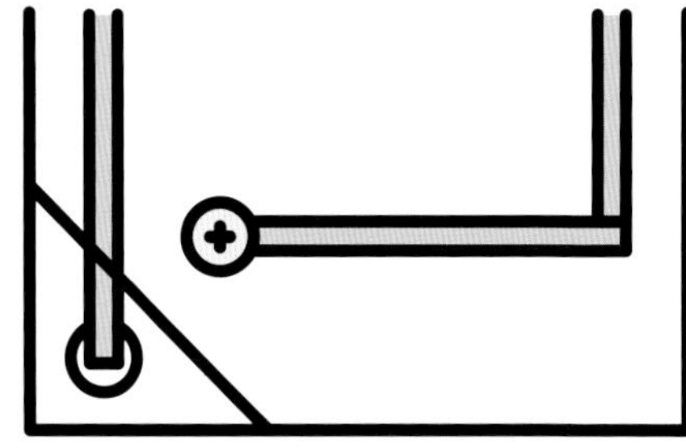

8 取出LED灯泡，把它的两条细腿向外弯折，长腿在左，短腿在右，用透明胶分别将它们固定到铜箔胶带上，灯泡就把卡纸顶端的空隙连接起来了。

9 拿起电池好好观察一下，正极会有一个小小的加号“+”。让这个正极面向上，如图所示把电池放到铜箔胶带的末端。

10 现在，把左下角的三角形折回来，让圆圈内的铜箔胶带和电池的正极接触。看，LED灯泡立刻亮了！

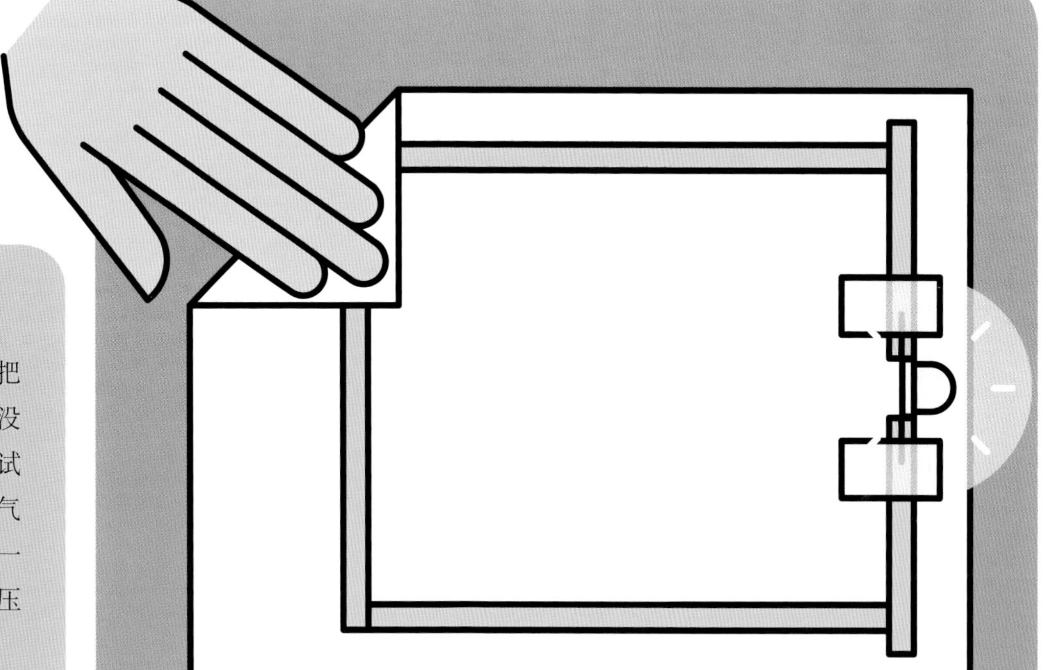

答疑解惑

如果灯泡没亮，不要紧，把电池翻过来重新试试。还是没亮？那就换一个LED灯泡再试试——这些小灯泡可都是又娇气又容易坏。还是不行？再检查一下电池吧，至少要有3伏的电压才行。

小巧弩炮

早在几千年前，骁勇善战的人类就发明了弩炮和投石器。今天，你自己就能动手做一台。

实验必备

- 12 根手工木棒
- 3 根中号橡皮筋
- 热熔胶枪
- 一个小塑料瓶盖
- 废纸

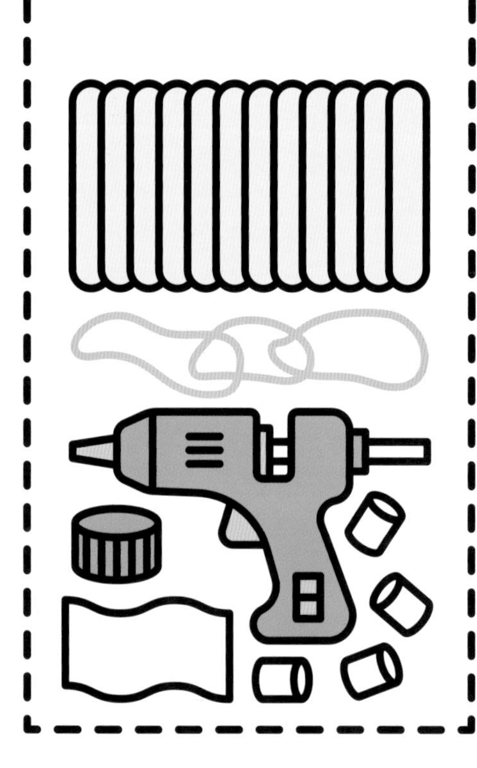

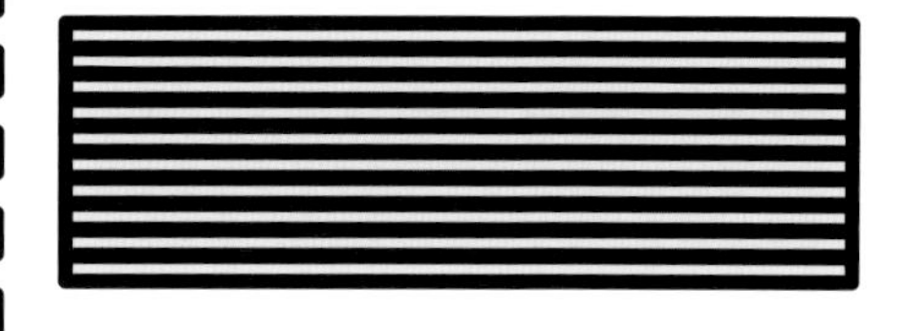

1 取 10 根手工木棒，垒成一叠。

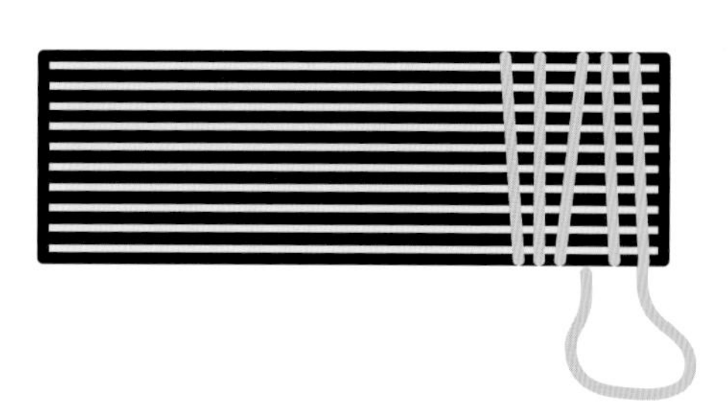

2 取一根皮筋，在一头把手工木棒紧紧地扎起来，牢牢地扎成一捆。

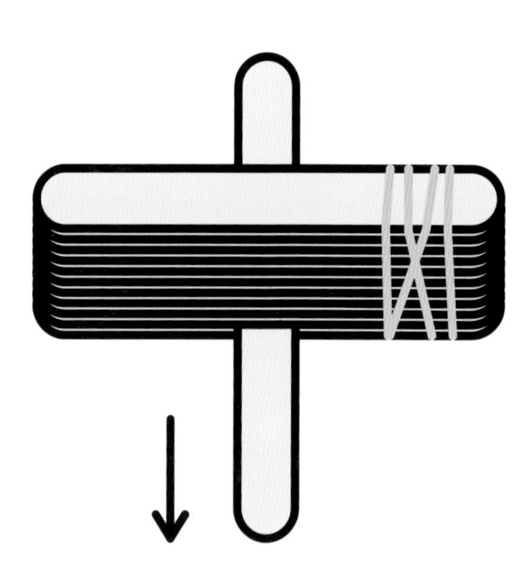

3 取一根手工木棒，插入最下面的两根手工木棒中间。

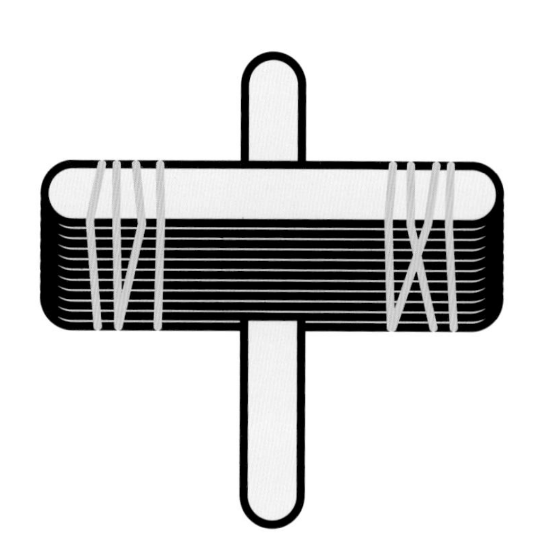

4 再取一根皮筋，把这捆手工木棒的另一头也紧紧扎好。这样，第 3 步中插入的那根手工木棒就被固定起来了。

现实世界

比起人力，投石器或弩炮不仅可以将具有同样重量和形状的物体投射得更快、更远，更能投出人力托举不动的重物。在战场上，面对又高又厚的城墙，投石器不仅能将炮弹投过去，有时甚至还能直接穿墙而过，可谓威力赫赫、战功累累。

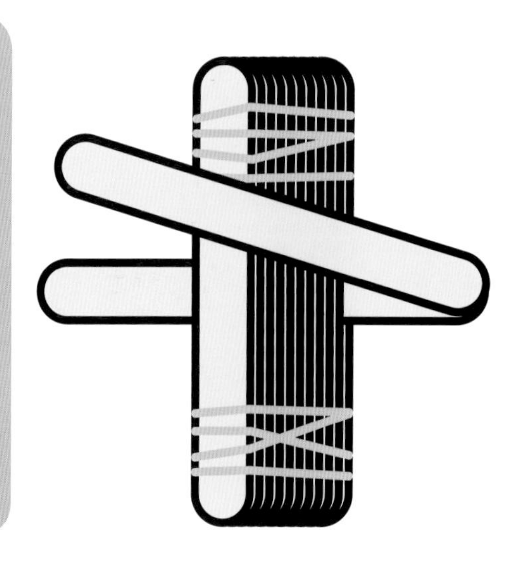

5 拿出最后一根手工木棒，把它的一端放在插入底部的手工木棒一头上，另一端则斜靠在整捆手工木棒上，和底部插入的手工木棒形成一个 V 形。

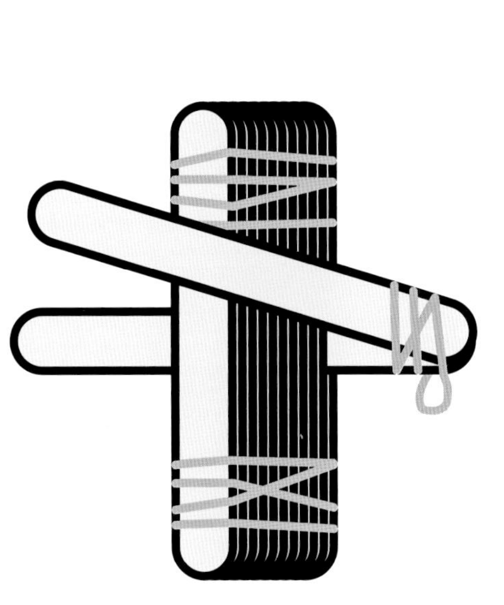

6 用最后一根皮筋把组成V形的两根手工木棒接触的那头绑在一起。

7 如图给上面的手工木棒的另一头挤一大滴热熔胶。

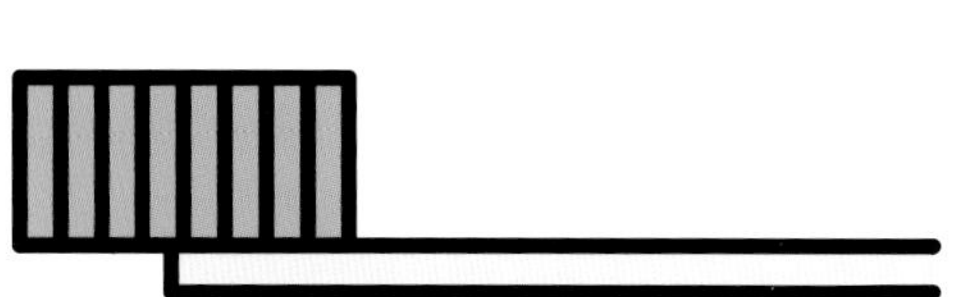

8 把塑料瓶盖粘上去——这将是投石器的投篮。

9 将整个装置放置几分钟，让热熔胶凝固。然后把废纸揉搓成一团放到投石器的投篮里，一手固定投石器，另一只手把投篮向后压再释放，纸团就飞射出去了！

学无止境

不妨多做几台投石器，找几个小朋友一起比比谁射得最远。可以去户外用粉笔把大家的成绩标记出来，也可以找些不同材质的炮弹——比如，小小的棉花糖就很好用。注意：一定不要投射坚硬锋利的东西哦。

科学原理是什么？

当你把最上面的那根手工木棒向后压时，能量就会转移到投石器里。一旦放手，能量就会转移到纸炮弹上去，变成动能将炮弹远远地发射出去。

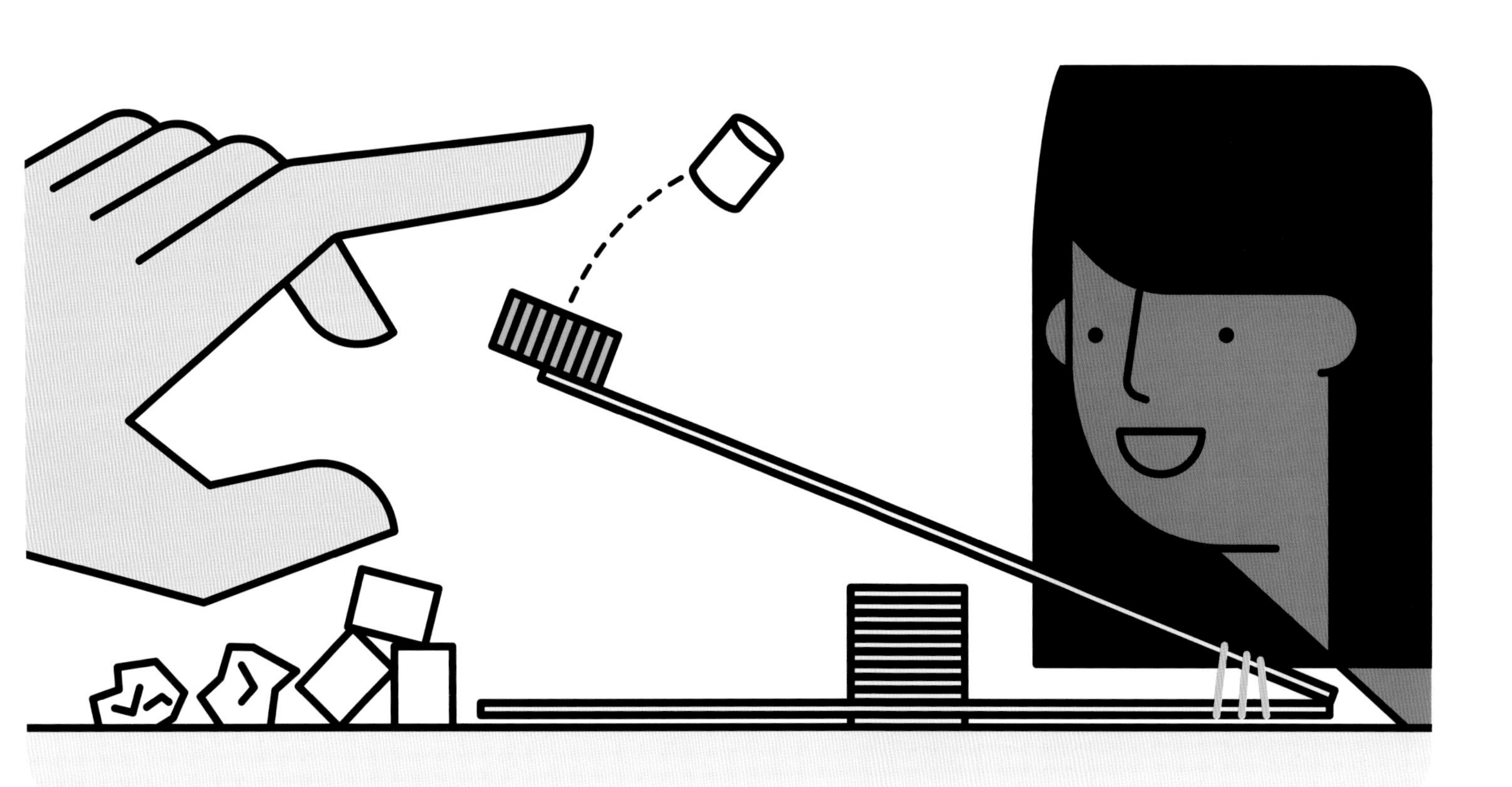

三角竖塔

普普通通的卡纸怎样才能变得坚韧有力，甚至支撑起高大的建筑呢？很简单，把它们变成三角形就可以！

实验必备

- 几张不同颜色的A4卡纸
- 直尺
- 笔
- 透明胶带
- 剪刀
- 美工刀

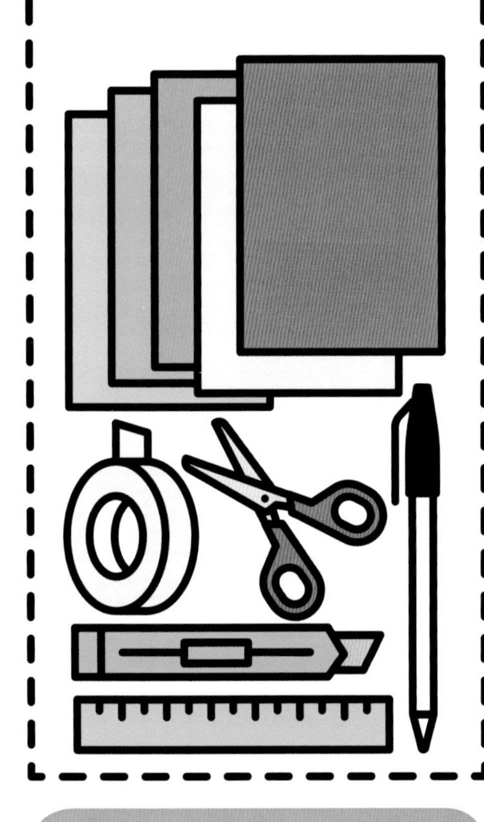

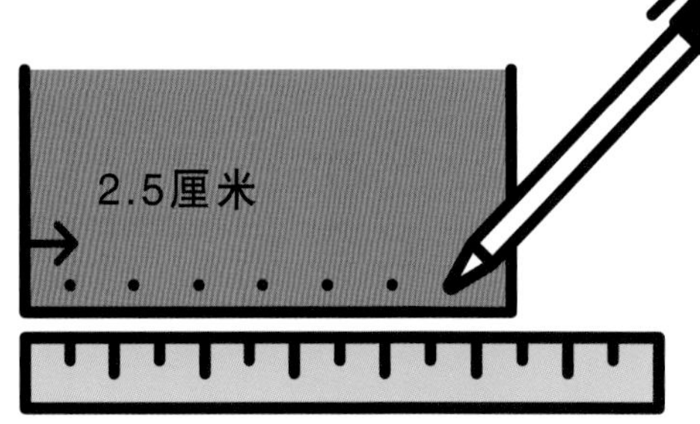

1 沿着卡纸的短边，借助直尺每隔2.5厘米标记一个点。在另一条短边也作同样的标记。

2 再用直尺将两条边上相对的两点一一用直线连接起来。

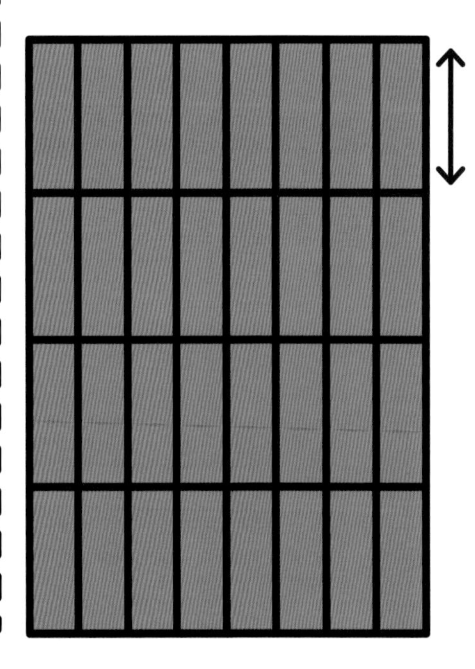

3 接下来，在卡纸的长边上每隔7.5厘米做出标记，同样将它们连接起来。最后整张纸会变成一张网格，每个网眼都是长7.5厘米宽2.5厘米的小长方形格子。

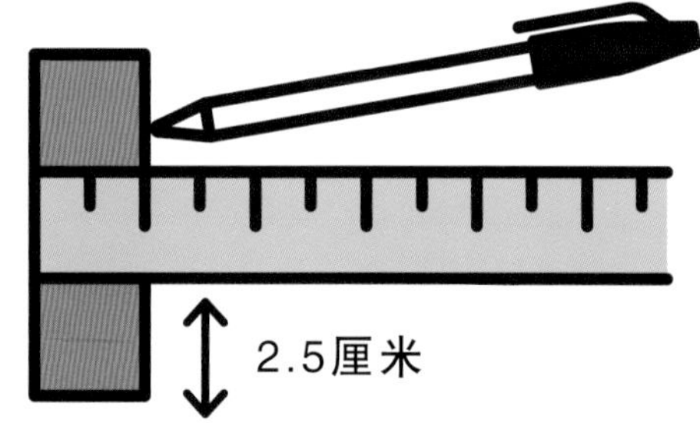

4 把每个小长方形格子都剪下来，再用直尺和笔把每个长方形划分成均等的3个正方形，每个正方形的边长均为2.5厘米。

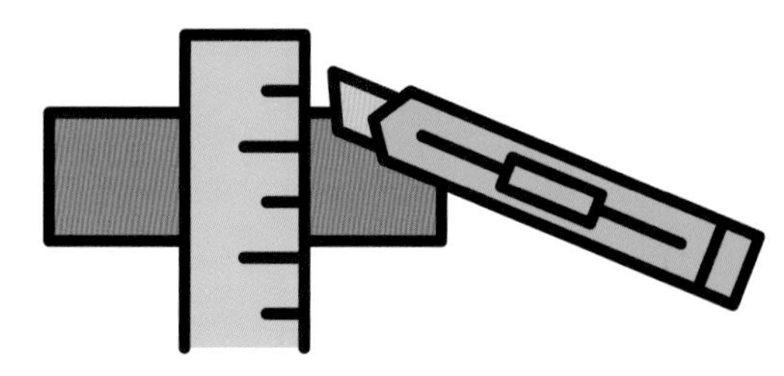

5 拿出美工刀，请大人帮忙在长方形内沿上一步画好的短线浅浅地划一下，但不能划穿。

现实世界

埃及的金字塔都有4个面，每一个面都是一个等边三角形。这些三角形的金字塔历经4000多年依旧巍然屹立，可见有多么结实。

6 沿着短线把小长方形的两端折起来，用透明胶把两头粘到一起，形成一个立着的三角形。

7 用同样的方法做出一大堆三角形。实在太累的话，不妨请一位好朋友来帮忙！

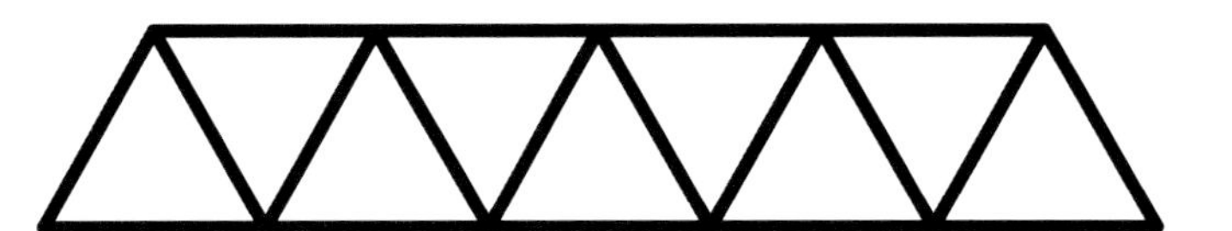

8 折叠粘贴完成后，就可以动工搭建了。先一字排列出 5 个三角形，再在它们中间倒着放进 4 个三角形。

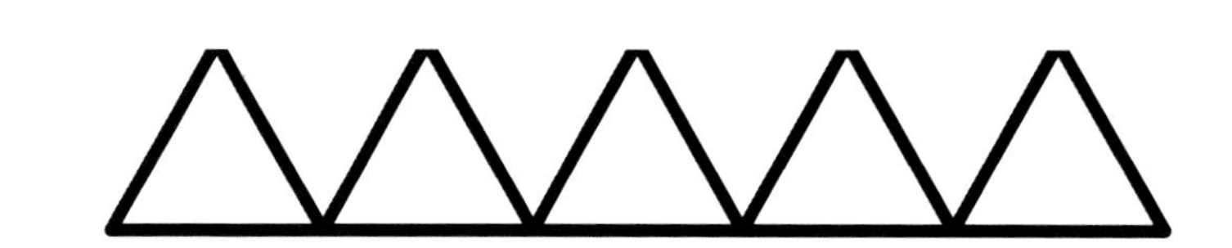

9 重新取一张卡纸，裁剪出一张宽 2.5 厘米的纸条，盖在这一排三角形上。

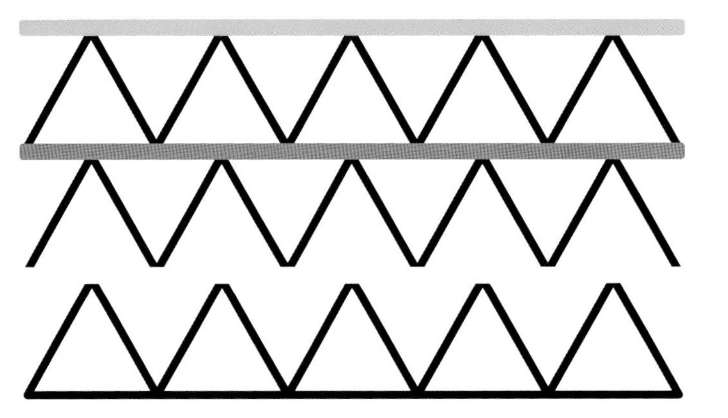

10 以此类推，重复向上堆垒搭建，一排三角形盖一张纸条，再一排三角形再一张纸条……看看你能堆多高？

11 还可以把下面几排的三角形抽出几个来放到顶部去，试试看整体的结构有多稳固。

科学原理是什么？

三角形是建筑学中最稳固结实的形状。在这个实验中，我们做的三角形叫作“等边三角形”，它们每条边的长度都是相同的。这种三角形不会轻易变形，因此更为稳定。实际上，宁断而不变正是三角形的特性。而正方形一旦在顶部受力，就会产生扭曲，向两侧坍塌，用正方形搭建的整个结构也会随之立刻解体。

巧手高科技

看到能干的机器人，你是不是总会好奇不已？机会来了！现在，你可以自己做一只机器手了——而且它真的会动！

实验必备

- 一张 A4 厚卡纸
- 直尺
- 剪刀
- 铅笔
- 两根大号吸管
- 纸胶带
- 细线
- 热熔胶枪

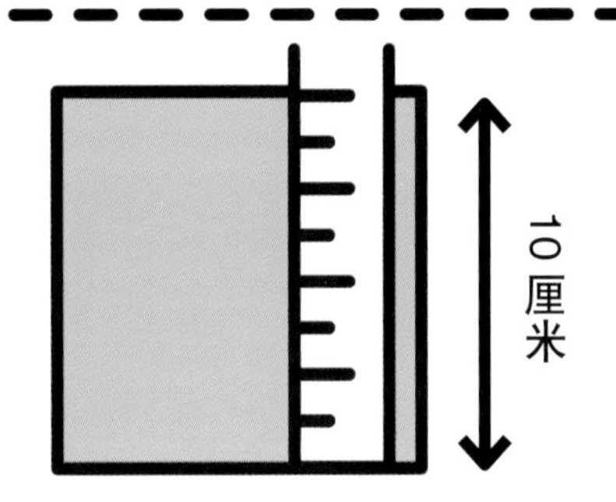

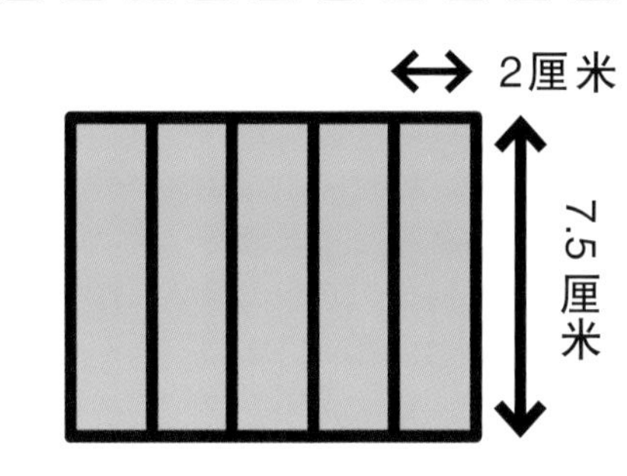

1 在卡纸上用直尺画出一个边长 10 厘米的正方形，并把它剪下来。

2 继续在卡纸上量出并裁下 5 个长 7.5 厘米、宽 2 厘米的长纸条，它们将成为机器人灵巧的“手指”！

3 再将每个纸条分别裁剪成 2.5 厘米长的纸片，总共得到 15 张纸片。

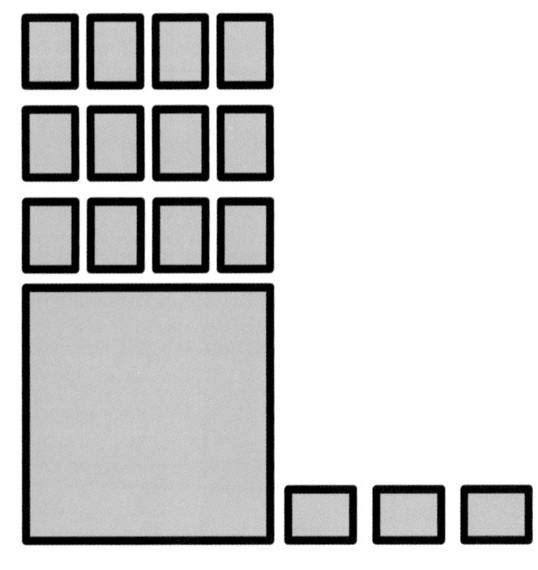

4 把 1 个正方形和 15 张小纸片摆成一只手的形状。

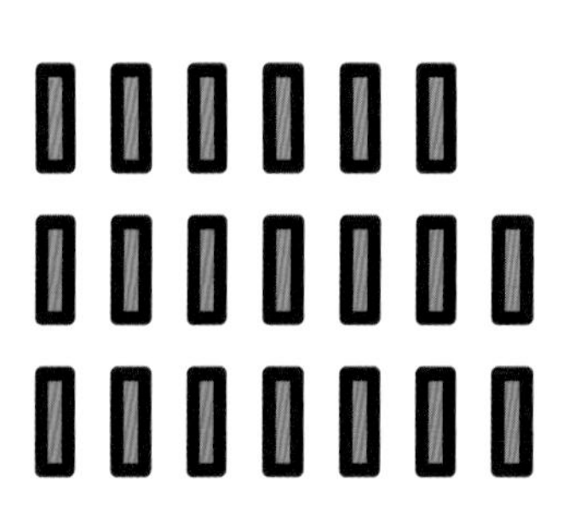

5 把吸管剪成 20 截，长短不必完全相同，但都不能长于 2.5 厘米。

6 用热熔胶把 3 截短管牢牢粘到 3 张小纸片上。

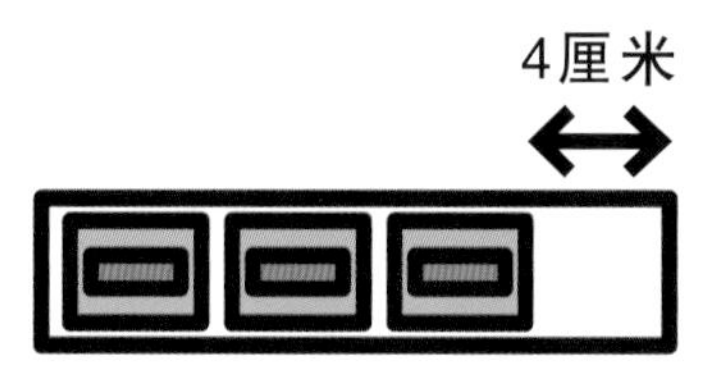

7 再剪一条比 3 张小纸片排成的“手指”长出约 4 厘米的胶带，如图把粘有短管的 3 张纸片粘到胶带上。

学无止境

可以请你的朋友们每人控制一根手指，你则负责控制大拇指，看看你们的高科技机器手能做出多少种不同的手势！

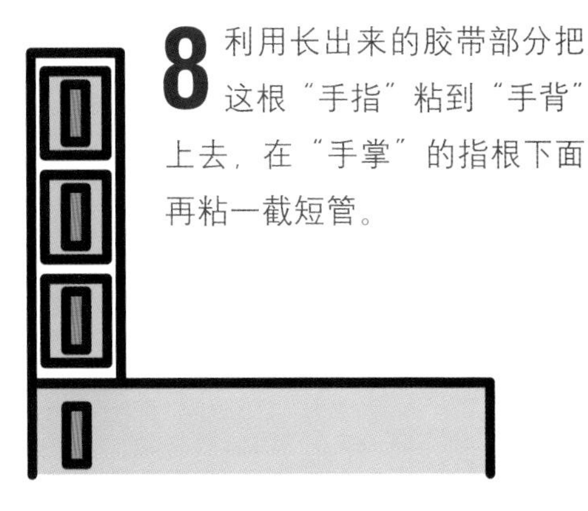

8 利用长出来的胶带部分把这根“手指”粘到“手背”上去，在“手掌”的指根下面再粘一截短管。

科学原理是什么？

把手指分成3个“关节”，只要简单地拉扯细线，就能让这只机器手像人的手一样动起来。其实，这些细线和管子组成的正是一套简单的滑轮系统。这个系统的关键不在于有轮子，而在于可以改变力的方向。滑轮系统非常实用。在本实验中，你向一个方向拉扯细线，“手指”关节却可以向不同的方向动！

9 剪一根长约15厘米的细线，从4截短管里依次穿过，指尖处的线头可以用胶带固定。

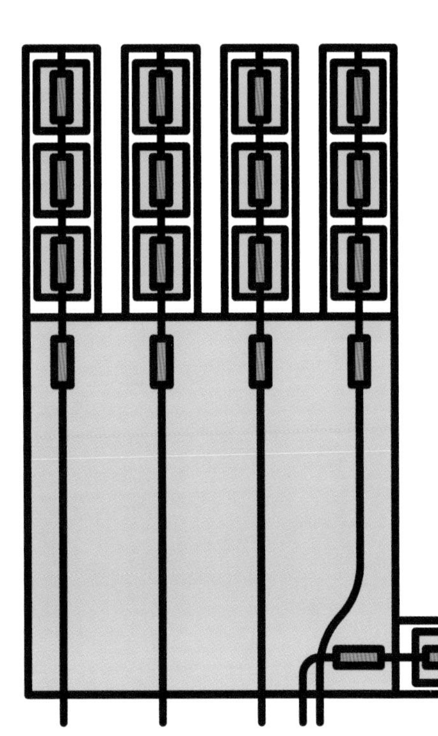

10 重复第6～9步，把其余的3根手指和拇指也如法炮制地安装到“手掌”上。

11 现在用自己的手压住机器手的手掌，然后轻轻拉一拉不同的细线，这只“手”就会做出握拳、伸指等各种不同的手势，毫不逊色于真正的高科技机器人手！

此“纸”
无声胜有声

音箱看上去复杂又笨重，怎么可能自己动手做出来呢？不过，这可难不倒最爱新挑战的小小科学家！

实验必备

- 一次性纸餐盘
- 塑料 / 泡沫塑料浅碗
- 3 块圆形钕磁铁
- 透明胶带
- 直尺
- 记号笔
- 剪刀
- 美工刀
- 一张 A4 白纸
- 长约 1 米的漆包铜线，不超过 1 毫米粗
- 热熔胶枪
- 打火机
- 音乐播放设备

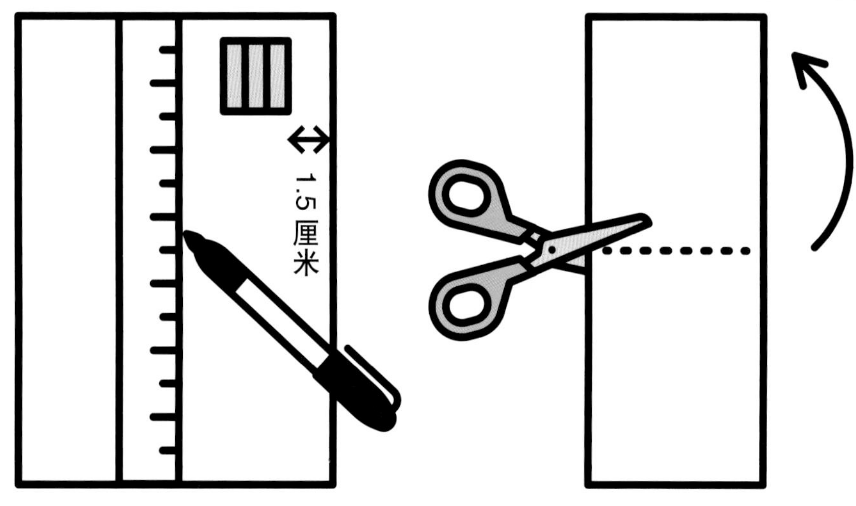

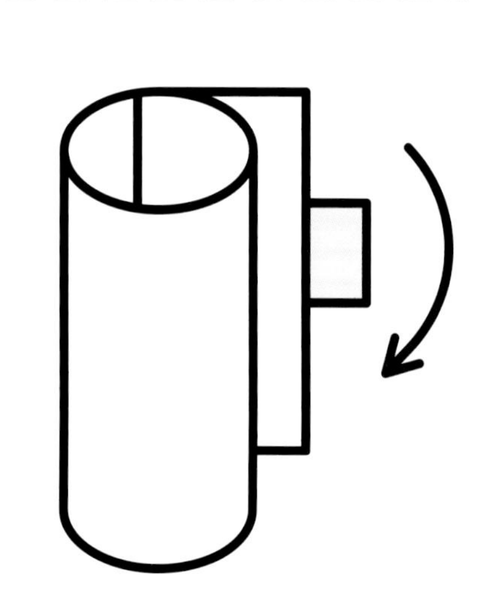

1 把 3 块磁铁像柱子一样垒起来，再侧放到白纸上，一侧距纸边 1.5 厘米，另一侧留出同样的距离，竖直画一条直线。

2 沿直线将纸条剪下来，从中对折，然后沿这条中线剪出两块同样大小的纸片。

3 用第一块纸片卷住磁铁，形成一个纸筒，边缘用胶带固定。

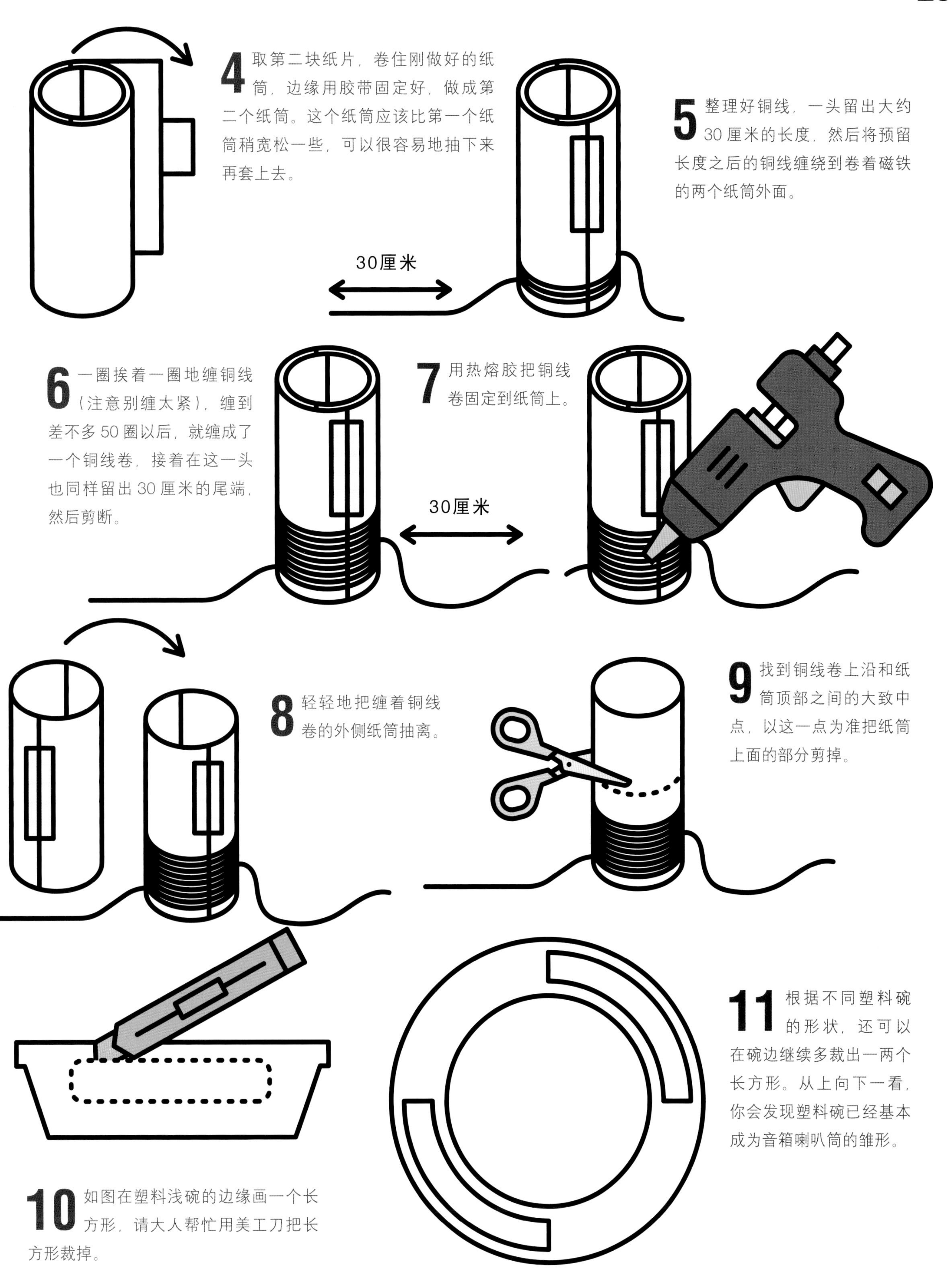

4 取第二块纸片，卷住刚做好的纸筒，边缘用胶带固定好，做成第二个纸筒。这个纸筒应该比第一个纸筒稍宽松一些，可以很容易地抽下来再套上去。

5 整理好铜线，一头留出大约30厘米的长度，然后将预留长度之后的铜线缠绕到卷着磁铁的两个纸筒外面。

6 一圈挨着一圈地缠铜线（注意别缠太紧），缠到差不多50圈以后，就缠成了一个铜线卷，接着在这一头也同样留出30厘米的尾端，然后剪断。

7 用热熔胶把铜线卷固定到纸筒上。

8 轻轻地把缠着铜线卷的外侧纸筒抽离。

9 找到铜线卷上沿和纸筒顶部之间的大致中点，以这一点为准把纸筒上面的部分剪掉。

10 如图在塑料浅碗的边缘画一个长方形，请大人帮忙用美工刀把长方形裁掉。

11 根据不同塑料碗的形状，还可以在碗边继续多裁出一两个长方形。从上向下一看，你会发现塑料碗已经基本成为音箱喇叭筒的雏形。

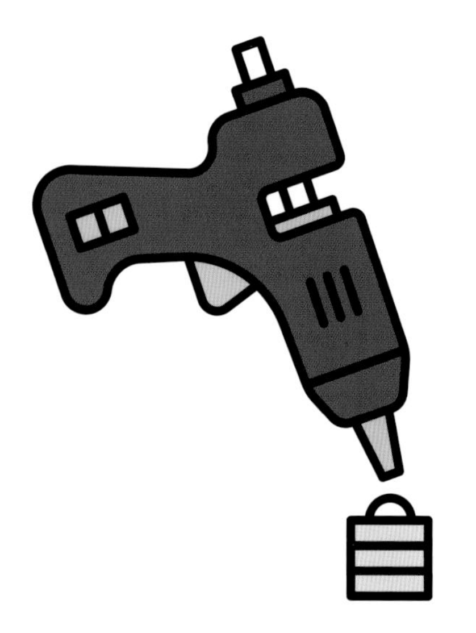

12 把裹着磁铁的第一个纸筒抽出扔掉——它的使命已经完成。在磁铁柱的一头挤几滴胶。

13 把磁铁粘到塑料碗碗底的正中央。

14 一次性纸餐盘倒扣着，把缠绕着铜线圈的纸筒牢牢地粘到餐盘底部的正中央。

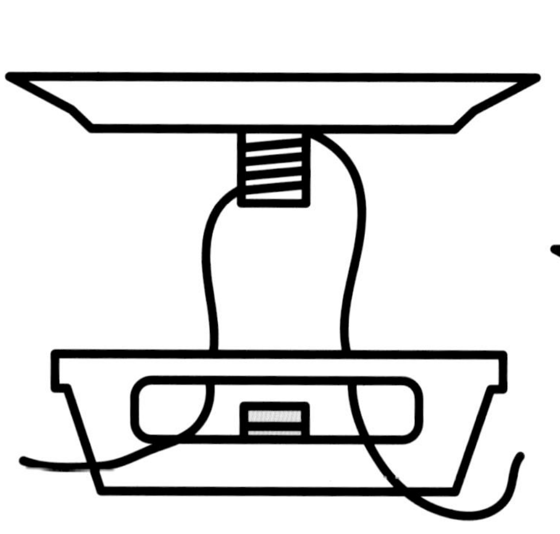

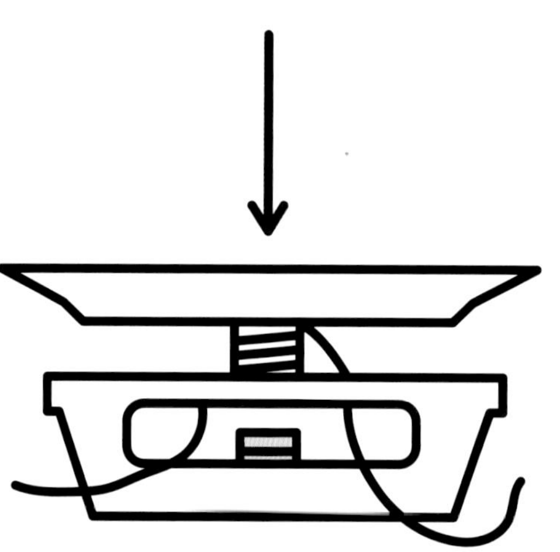

15 静置片刻，让所有的胶水都干透、各个零件粘牢。把餐盘翻过来，盘口朝上铜线圈朝下地拿到浅碗上方，把铜线圈的两头通过塑料碗边的一个口子穿出去。

16 把餐盘轻轻地放下去，让铜线圈不偏不倚地套到磁铁柱上。

17 给塑料碗的碗边挤胶水，粘上餐盘。这时，如果你轻轻压一压餐盘中心，餐盘应该会往下陷一下，但等你放手又会立刻弹起来。

18 请大人把铜线的两头烤一烤，去掉铜线的外层漆皮，露出里面的铜丝。

19 继续请大人帮忙，把音乐播放设备上连接的音箱拔下来，把你刚刚做好的纸音箱连接到播放器上。

学无止境

纸音箱有点其貌不扬，如果想来点“高科技”的视觉效果，不妨自己再把它装饰一下。外貌虽普通，音效绝不差。

科学原理是什么？

音响系统的信号其实是一种交流电，就像家里的电流一样不断变换方向。这个交流电信号在通过铜线圈时，会使线圈随着电流方向的变化而飞速地在吸引磁铁、排斥磁铁两种状态之间切换。这样一来，铜线圈就会产生振动，纸餐盘也会随之颤动起来。内部的纸筒把这些振动放大，从而提高音量，我们就能够听到声音了。

20 按下“播放”键，喜欢的歌曲就会悠扬地从纸音箱里传出来！这台纸音箱的工作原理和商店里买来的真音箱毫无差别！

网格穹顶

网格穹顶是人类迄今为止发明的最稳定牢固的建筑结构之一。快来试着自己动手做一个吧。

实验必备

- 至少 35 根 24 厘米长的大号吸管
- 两脚钉
- 尖头木扦
- 直尺
- 剪刀

13厘米

1 用直尺把吸管量出 13 厘米长，剪断。如法炮制地再剪 4 根吸管，最后共得到 10 根短管，其中 5 根长管长 13 厘米，另外 5 根短管长 11 厘米。

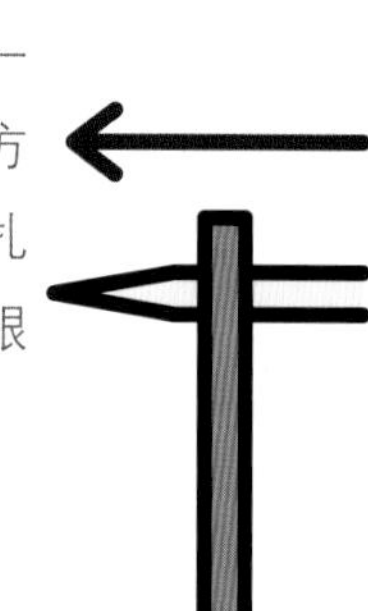

2 用木扦的尖头在其中一根短管靠近顶端的地方扎一个洞，在另一头再扎一个洞。同样在其他 9 根短管上各扎出两个洞来。

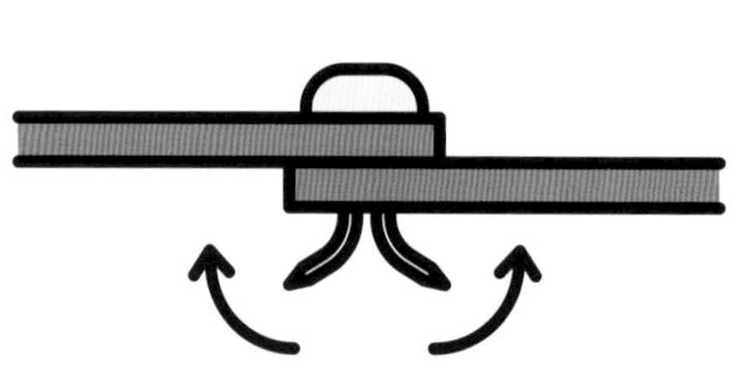

3 如图，对齐两根 13 厘米长的短管的洞，找一枚两脚钉穿过去，然后打开钉子的两只“小翅膀”，把两根短管固定在一起。

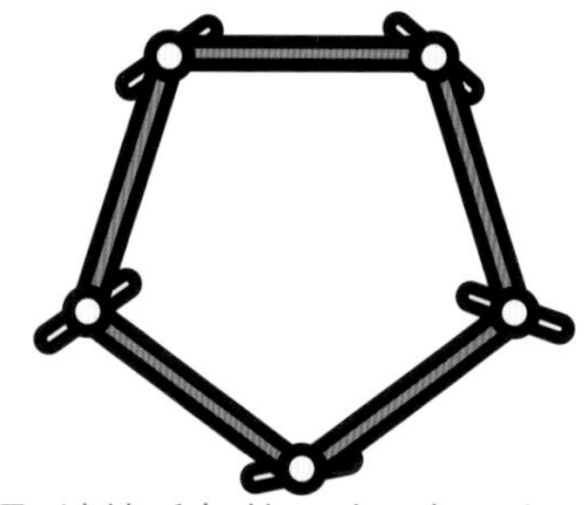

4 继续重复第 3 步，把 5 根 13 厘米长的短管连接到一起，做成一个五角形。

现实世界

如果你去到英国康沃尔郡伊甸园，就可以看到 8 座相互连接的巨型透明穹顶建筑；而在美国佛罗里达州的迪士尼世界里，“地球号宇宙飞船”就是一个网格圆球（即两个穹顶“扣”在了一起）。

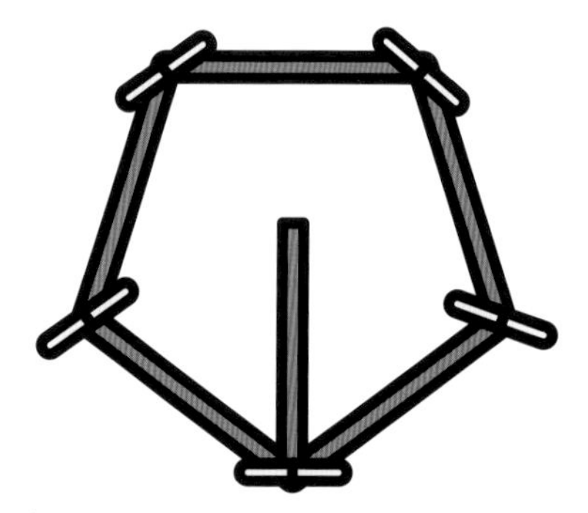

5 把五角形翻过来，合上一个两脚钉的“小翅膀”，穿过一根 11 厘米短管的洞眼后再翻开两脚钉，固定这根短管。随后再同样在五角形的每个角都加一根短管。

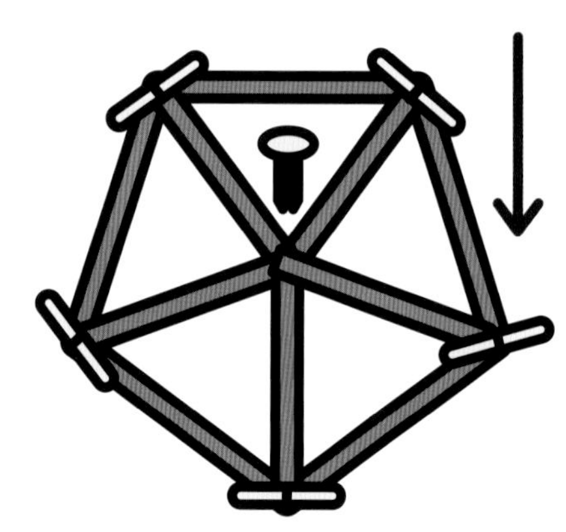

6 接下来再用一个两脚钉，把第 5 步中新加的所有短管指向五角形中心的地方穿起来固定，这样就做成了一个稳固的五角形。

7 重复第 1 ~ 6 步，最后一共做出 6 个一模一样的五角形。

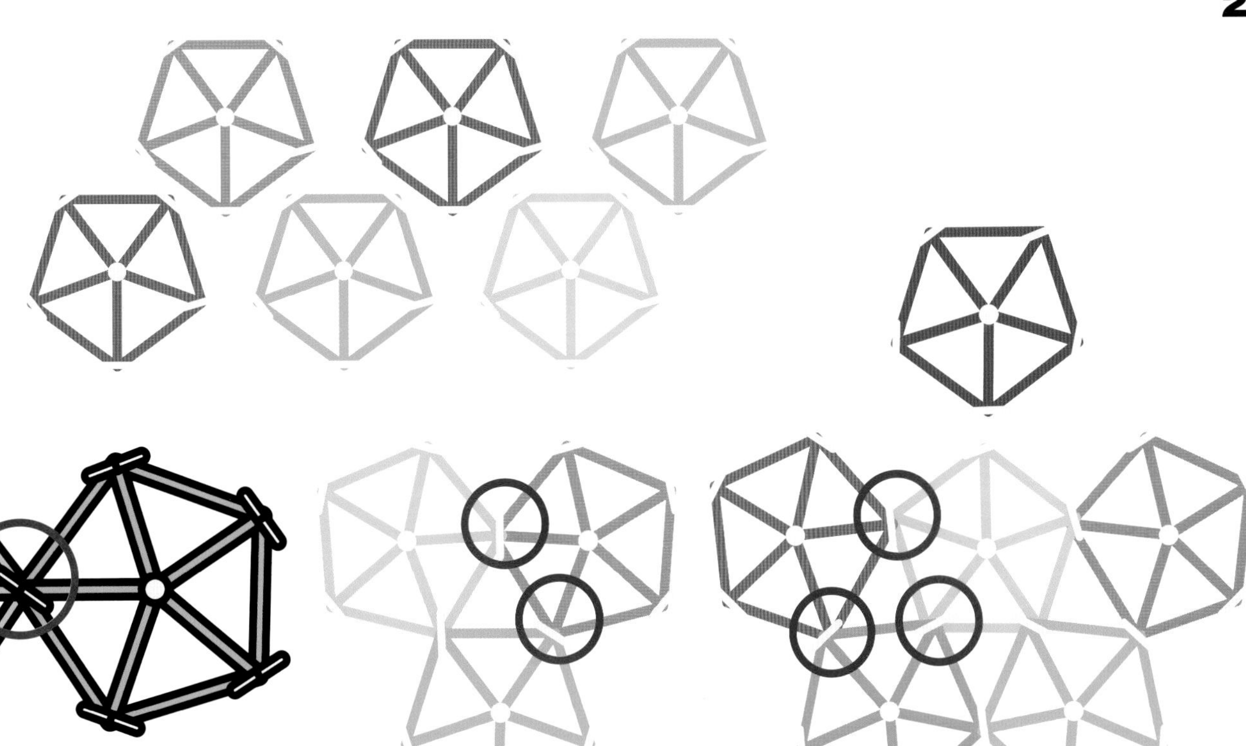

8 再把两个五角形钉脚朝上如图放在一起。取下其中一个角的两脚钉，再把对应的另一个角的钉脚合上并穿过这两个角的洞，最后打开钉脚固定，就把两个五角形锁在了一起。

9 以此类推，把第三个五角形也和这两个五角形连接起来。

10 继续增加两个五角形，这样 5 个五角形就连成了一个状似奥运五环的形状。最后加上去的第六个五角形不仅要和上排中心的五角形在一个角上锁定，同时还要和两侧相邻的五角形连接。

11 中心的五角形和周围的 5 个五角形全部连接在一起，一个网格穹顶的雏形就已完成了。

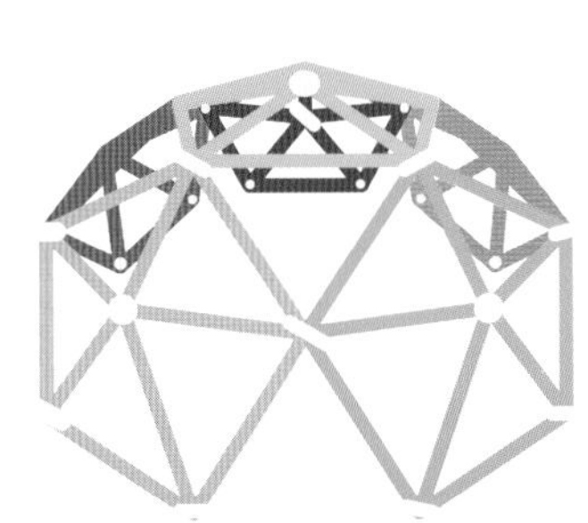

12 接下来再剪切 5 根 13 厘米长的吸管，用它们把穹顶底部的 5 个间隔连接起来。一个稳固结实的穹顶结构就完成了！

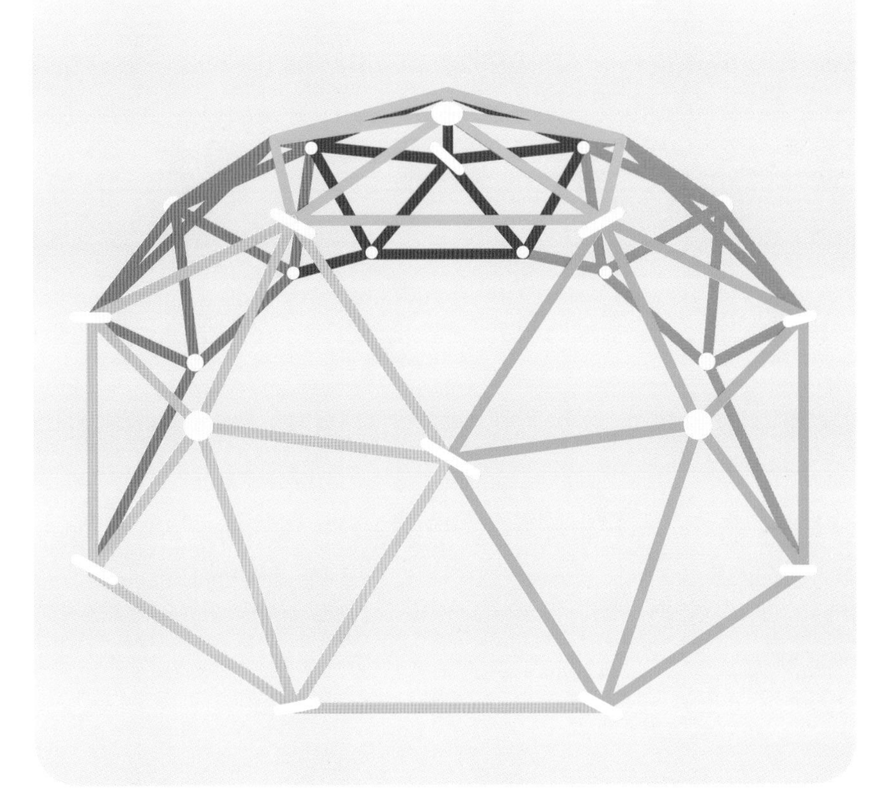

科学原理是什么？

还记得我们曾在第 18、19 页上学过的稳定的三角形吗？稳定的三角形如果和其他三角形连接到一起，就会变得牢不可摧，因为每个连接点都会受到不同方向的压力，它们彼此平衡。

调皮捣“弹”

不过是一张纸和几颗玻璃弹珠，竟然能够变身好玩又俏皮的玩具！你不想自己动手做一个吗？

实验必备

- 一张 A4 打印纸
- 铅笔
- 直尺
- 剪刀
- 两颗玻璃弹珠
- 一枚硬币，或其他直径约为 3 厘米的圆形物体均可
- 透明胶带
- 一个斜面

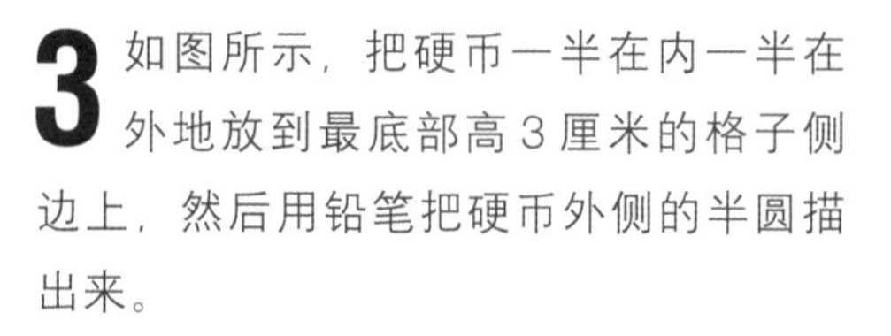

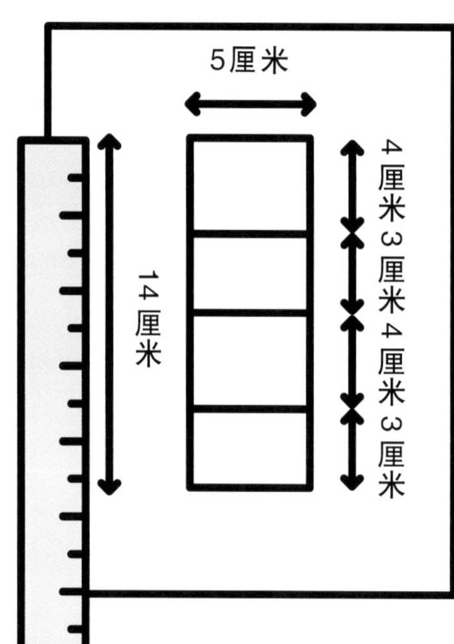

1 在纸张正中用直尺画出一个长 14 厘米、宽 5 厘米的长方形，再把长方形分成 4 个部分，从上到下每个部分的高度分别是 4 厘米、3 厘米、4 厘米和 3 厘米。

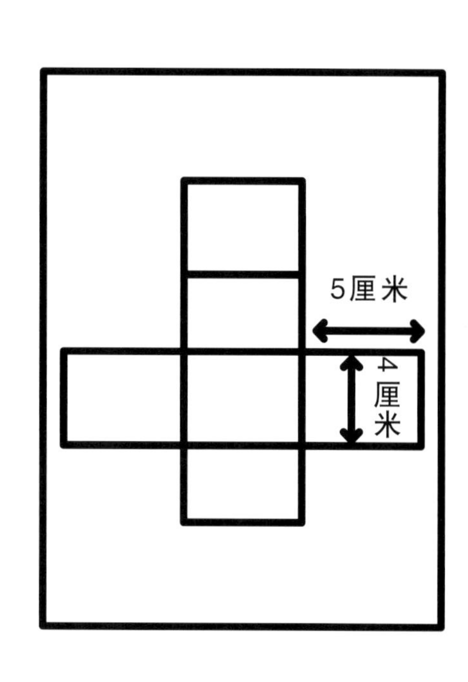

2 沿着第三个格子向两侧伸展“翅膀”，画出同样高 4 厘米、长 5 厘米的格子。

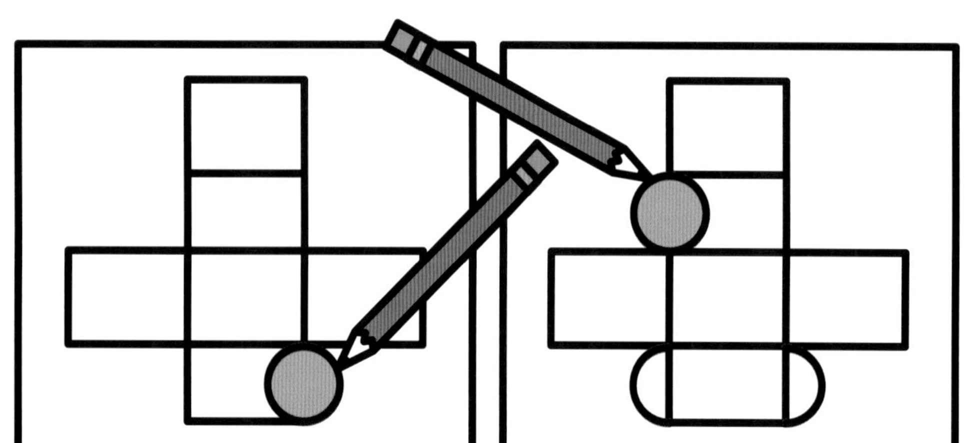

3 如图所示，把硬币一半在内一半在外地放到最底部高 3 厘米的格子侧边上，然后用铅笔把硬币外侧的半圆描出来。

4 在这个格子的另一侧边重复第 3 步，然后在上面的第二个格子（即另一个高 3 厘米的格子）两侧画出同样的半圆来。

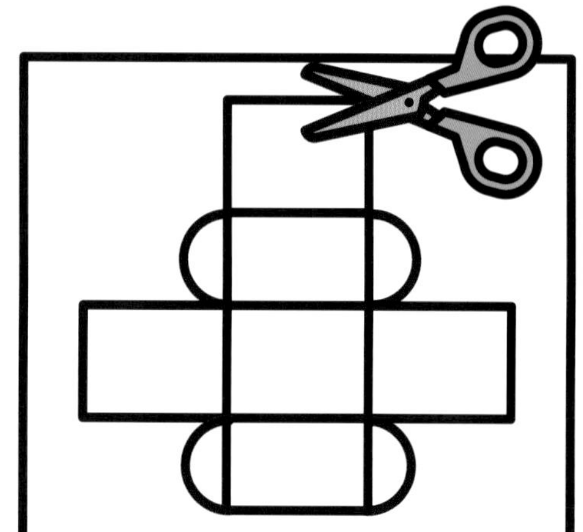

5 重新检查每个格子和半圆的尺寸，确定无误后沿外缘把这个形状整体剪下来。

6 把所得形状沿所有的直线向内折叠一下，但是半圆的部分不要折叠。

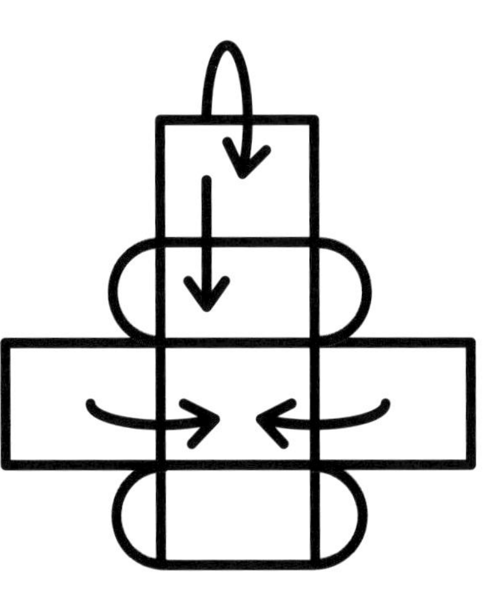

7 把最先画出的 4 个格子向内折起来，用胶带把“顶”和“墙”粘牢。

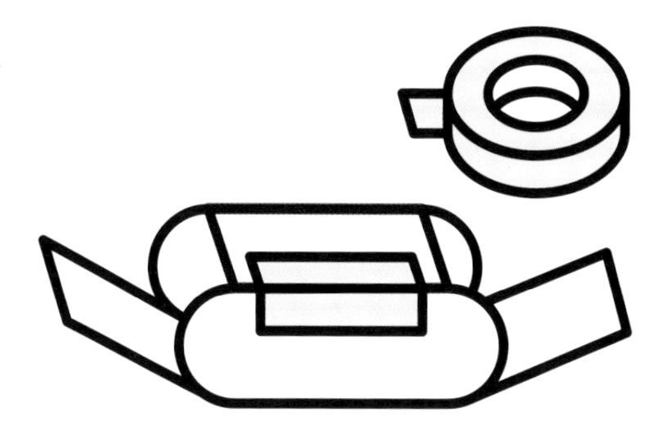

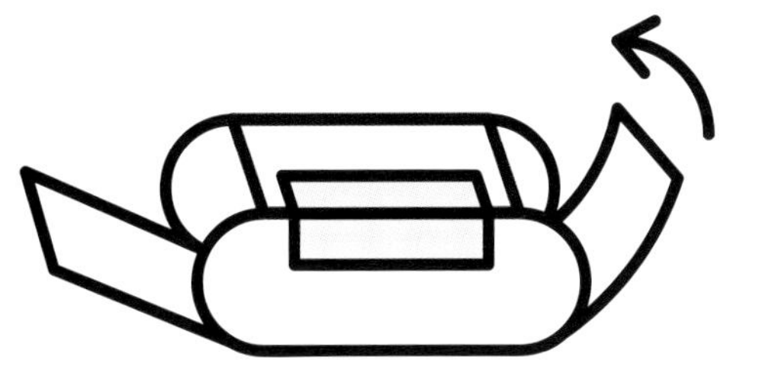

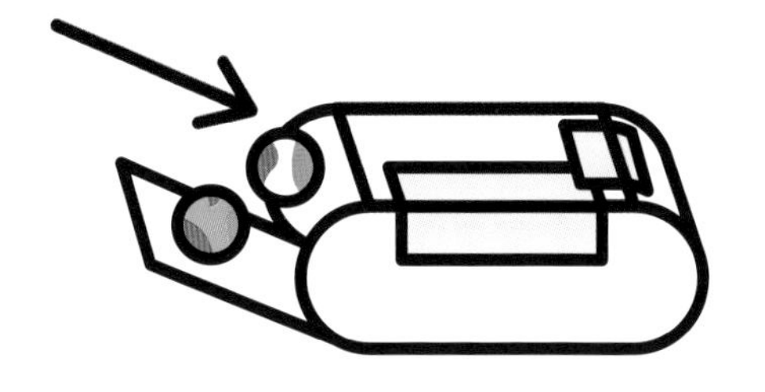

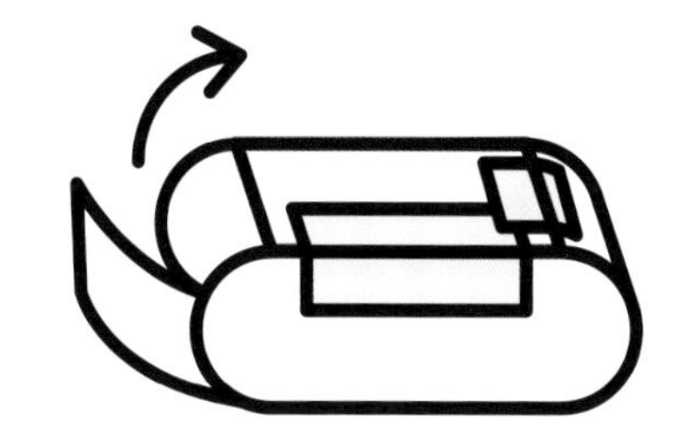

8 再把一侧的“翅膀”向上折，让它卷的弧度和半圆贴边靠齐，用胶带在顶部和两侧固定粘牢。

9 把玻璃弹珠放进纸盒里去。

10 将另一侧的“翅膀”同样向上折，用胶带在顶部和两侧固定。

11 把玩具放到斜坡的顶部。你一放手，它就会跌跌撞撞地自己滚下来了！

学无止境

可以用彩色笔装点一下玩具，比如在两侧画上亮黄色的闪电，其他部分涂黑，或是在两边画上晕头转向的眼珠！

科学原理是什么？

重力和坡度的结合是让玩具跌跌撞撞滚下来的原因。重力也就是地心引力，会把所有物体都向地球的中心拉扯，因此也会让坡顶的玻璃弹珠向下滚。玻璃弹珠已经滚到纸盒的一头，它们的惯性会让纸盒的另一头翘起来，每翻滚一次，玩具就会加速，如此循环往复，小玩具就会加速滚下坡啦！

华灯初上

夜幕降临，华灯初上。你有没有好奇过灯为什么会发光？不如今天就来自己动手做一盏灯，解开灯光背后的秘密吧。

实验必备

- 一个透明的小塑料瓶
- 一截 2 芯家用电线，两端去掉绝缘层露出线头
- 4 枚鳄鱼线夹
- 一枚 9 伏碱性电池
- 带电源线的 9 伏塑料电池扣（也叫电池帽）
- 橡皮泥或蓝丁胶
- 美工刀
- 剪刀
- 自动铅笔

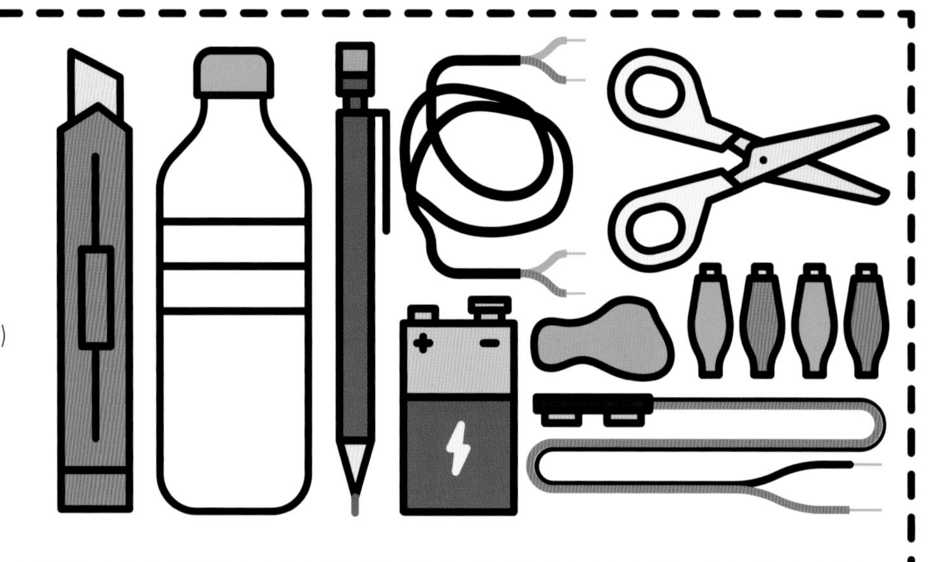

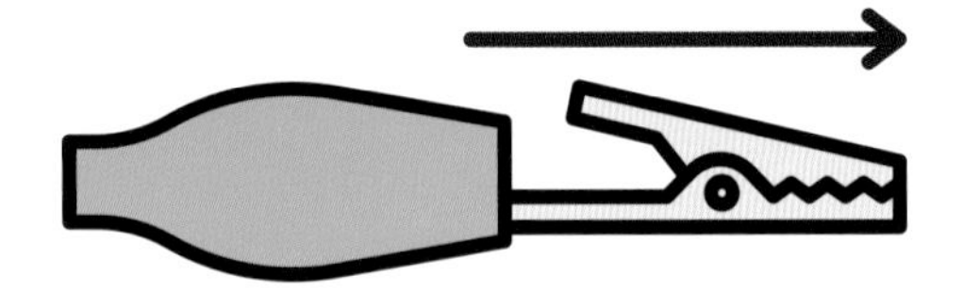

1 取一枚鳄鱼夹，把金属柄从包裹它的胶皮里抽出来。

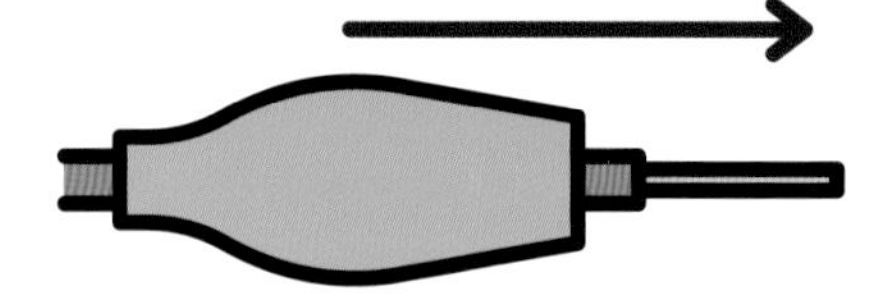

2 把 2 芯电线一端的其中一根线从胶皮里穿进去。

3 将电线裸露的金属线头从鳄鱼夹金属柄上的洞眼里穿过去，弯折回来，在夹子尾部卡紧。

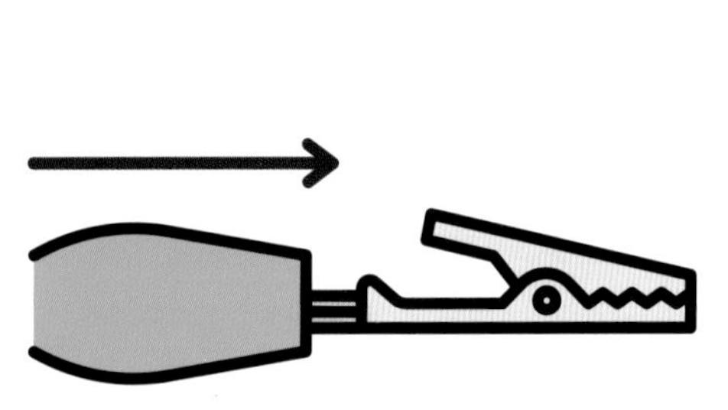

4 固定好金属线头后，再把线头和夹子一起塞回胶皮里。

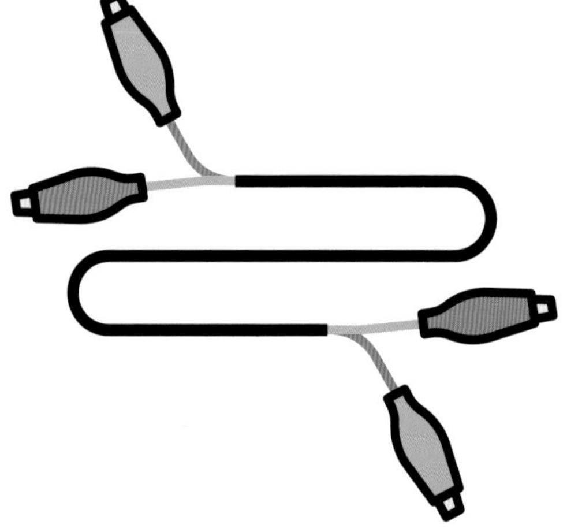

5 重复第 1 ～ 4 步，将电线的另外 3 根金属线头也固定到 3 个鳄鱼夹上。完成后，电线两端应当各有两个鳄鱼夹。

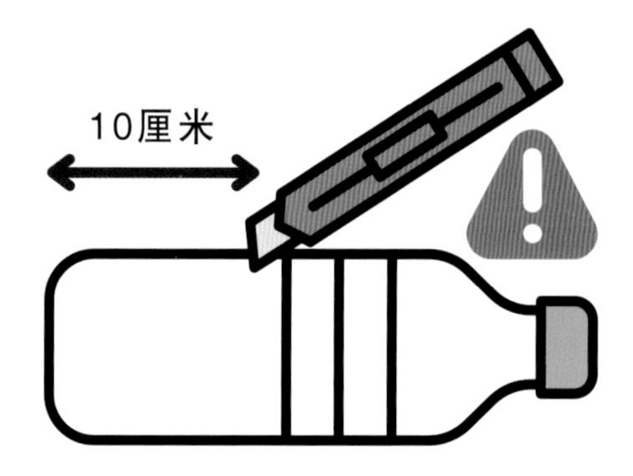

6 请一位大人来帮忙，用美工刀把塑料瓶的瓶底剪下，修剪成一个高约 10 厘米的塑料圆筒。

科学原理是什么?

铅笔芯里的“铅”其实不是铅，而是石墨。当你把最后两个鳄鱼夹和电池的正负极相连后，就完成了一整套电路。电流从电线中穿过，经过石墨并将其加热，而石墨在到达一定温度后就会开始冒烟发光。这和灯泡中灯丝的发光原理是一样的。

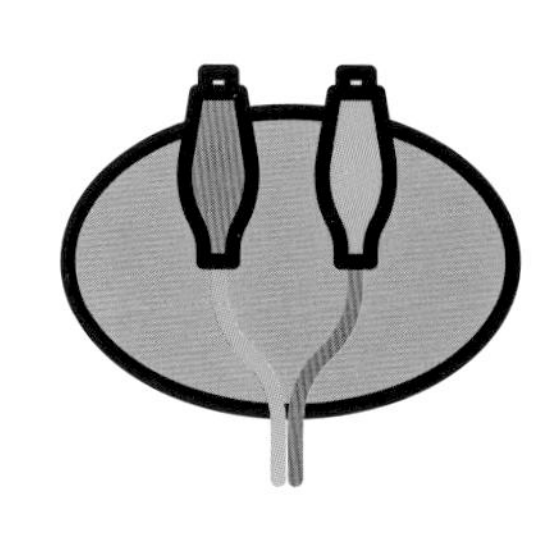

7 在圆筒的开口处边缘剪切出一个小小的V形口子，足够电线穿进去即可。

8 把橡皮泥摊成圆饼状，大小和圆筒的开口一致即可。

9 把电线一端的两个鳄鱼夹垂直压入橡皮泥的中央，确保夹子开口朝上。

10 从自动铅笔里取出一根铅笔芯，捏开鳄鱼夹，把铅笔芯水平夹紧。

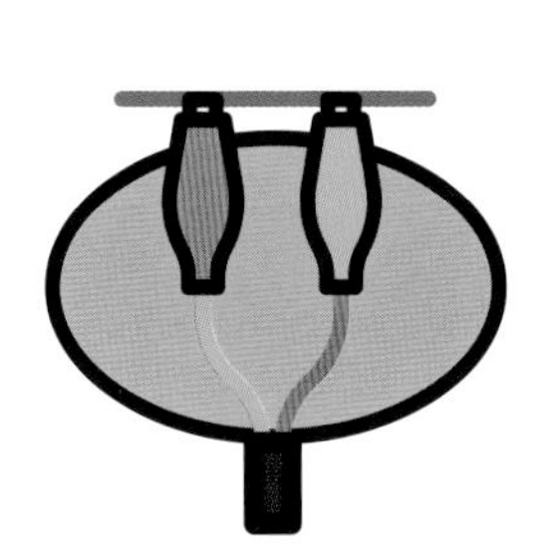

11 把圆筒盖在橡皮泥上并压实密封。再取一小块橡皮泥，把电线入口处的V形小口子也封起来。

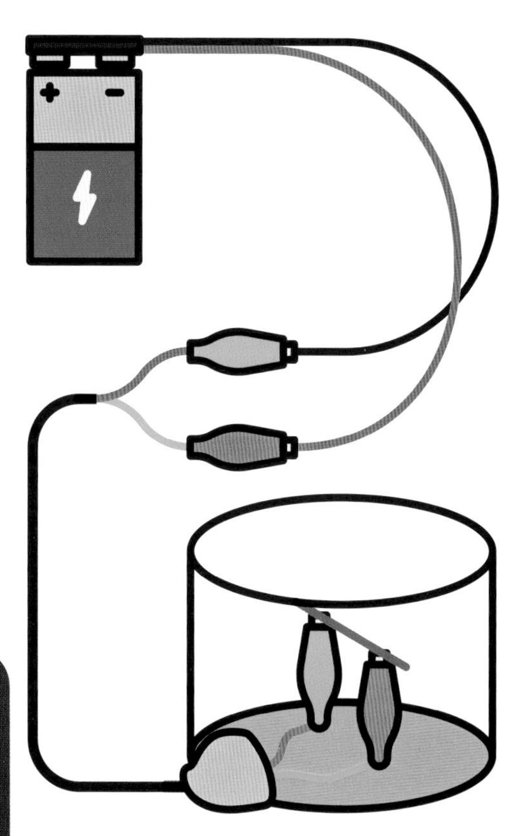

12 把电池扣按到电池上，再把电池扣的线头夹到家用电线另一端的鳄鱼夹上。

13 一两秒之后，铅笔芯就会开始冒烟，然后微微发出红光。这个实验在漆黑的夜晚会取得更好的效果!

注意：铅笔芯在发光时的温度会高达好几百摄氏度。千万不要用手摸!

一“臂”之力

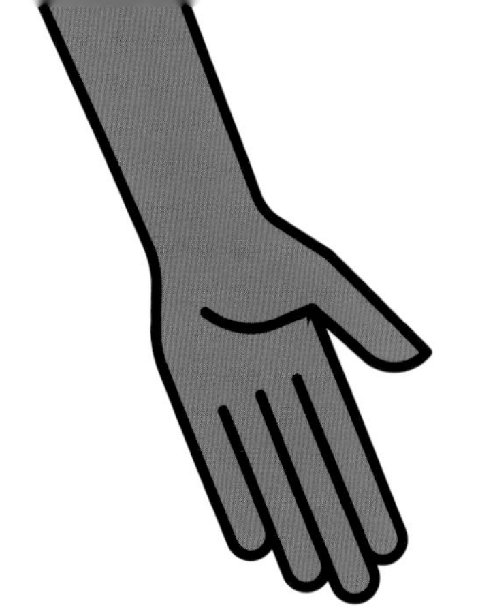

如果你觉得自己的胳膊不够长，那今天这个专属于小小科学家的“臂膀”，应该能满足你对一臂之力的渴望！

实验必备

- 9 根手工木棒
- 一根大号长吸管
- 两根尖头木扦
- 纸胶带
- 剪刀
- 热熔胶枪

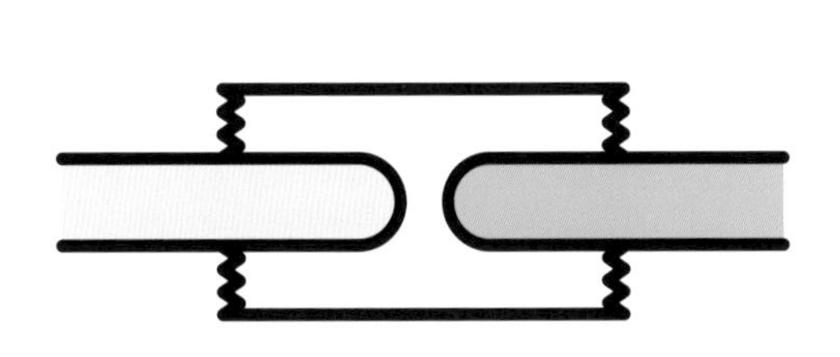

1 撕一小块纸胶带，如图所示把两根手工木棒粘上去，注意手工木棒之间要隔开一点距离。

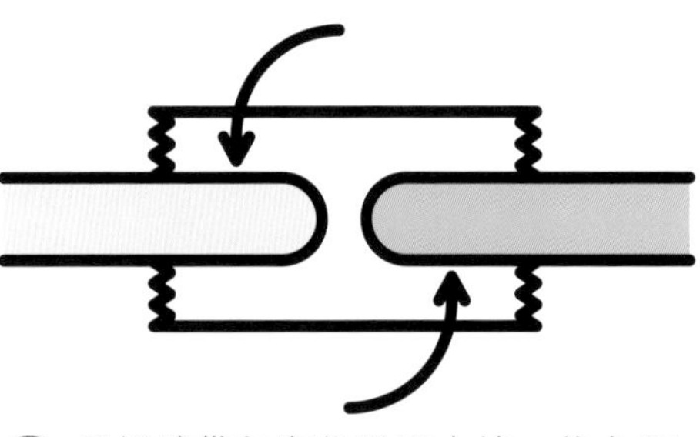

2 用纸胶带包裹住手工木棒，将它们连接起来。

3 剪一小截和纸胶带同等长度的木扦。

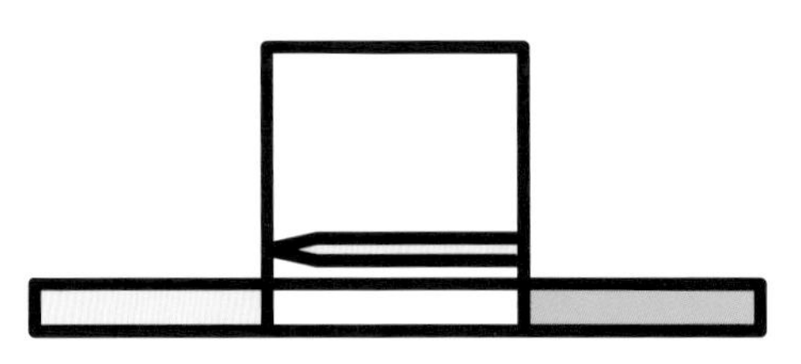

4 再撕一块和短木扦等长的纸胶带，把前两根手工木棒和短木扦如图放到胶带上去。

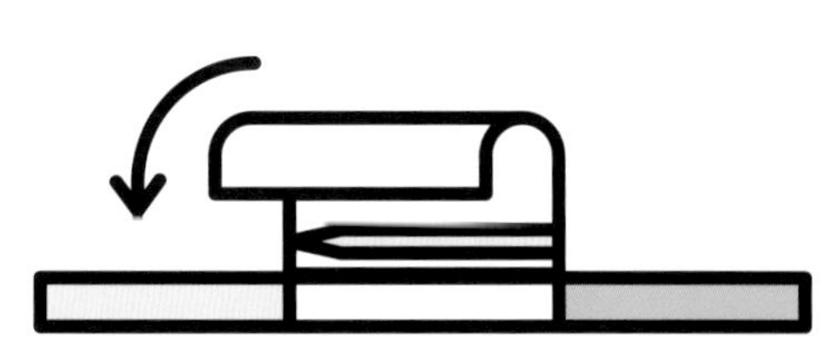

5 将第二块纸胶带绕着手工木棒和木扦缠起来，把它们全部裹在一起。

现实世界

在一些酒店的洗手间里，你会在圆形化妆镜背后看到类似胳膊的支架，并可以通过调节这个支架让镜子的角度更精准。在一些老式商店里，店员也会用类似的支架让一些商品探出窗外，以方便顾客近距离观察。

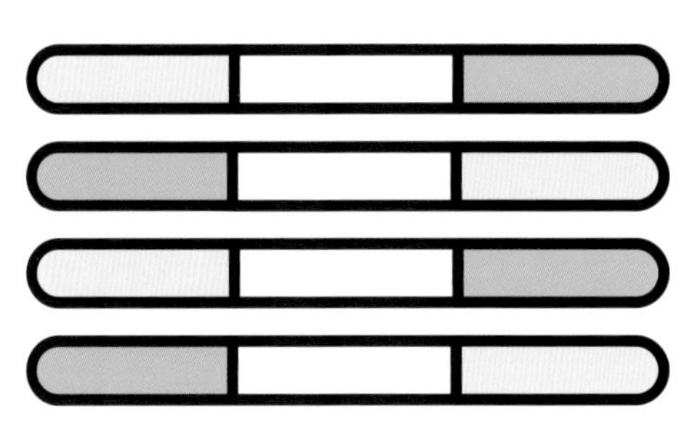

6 重复第 1 ~ 5 步，把其余 6 根手工木棒也连接在一起。

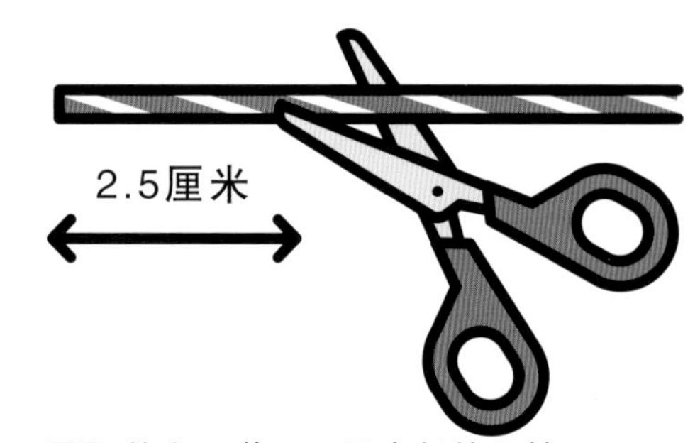

7 剪出 4 截 2.5 厘米长的吸管。

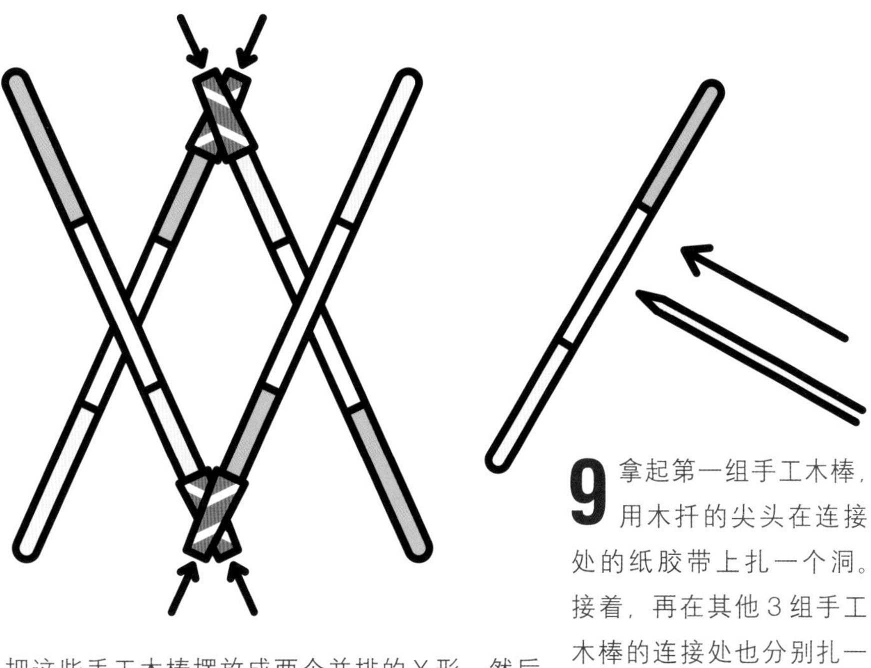

8 把这些手工木棒摆放成两个并排的X形，然后给中间相交的4根手工木棒的顶端套上刚刚裁出的短管。

9 拿起第一组手工木棒，用木扦的尖头在连接处的纸胶带上扎一个洞。接着，再在其他3组手工木棒的连接处也分别扎一个洞。

科学原理是什么？

在这个实验中，木扦像关节一样让这个貌似简陋的工具变得灵活好用。活动关节能够把两个物体连接起来，并让它们相互配合着做出一些基本的动作。我们的灵活长“臂”支架正是利用了活动关节的原理，通过能向外延伸的手工木棒组合，来帮你抓取平时仅靠胳膊够不着的东西。

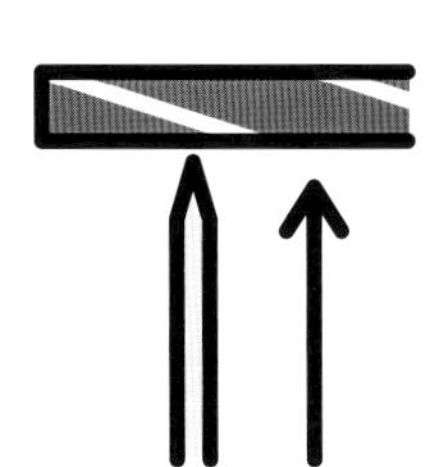

10 继续用木扦在每段短管的中间扎出洞来。

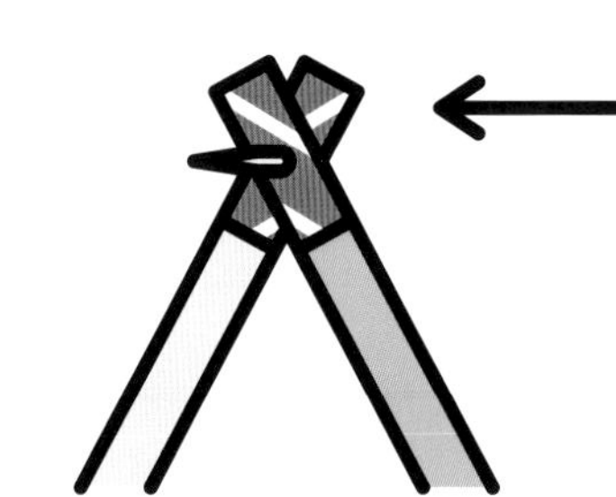

11 把木扦剪为4截，从刚才扎在手工木棒和短管上的这些洞里穿过去，把4组手工木棒支架接在一起。

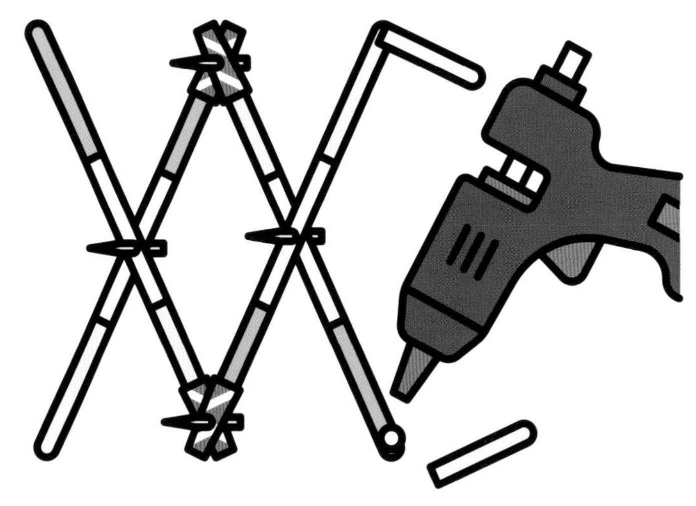

12 最后还要做一只抓手。把最后一根手工木棒剪成两截，再让它们分别垂直于之前支架的一端，并用热熔胶粘好。

13 静置一会儿，等胶水干透、“抓手”粘牢。用手抓住支架的另一端控制它的开合，支架就会像胳膊一样伸出去，并在你的指挥下抓取东西了。

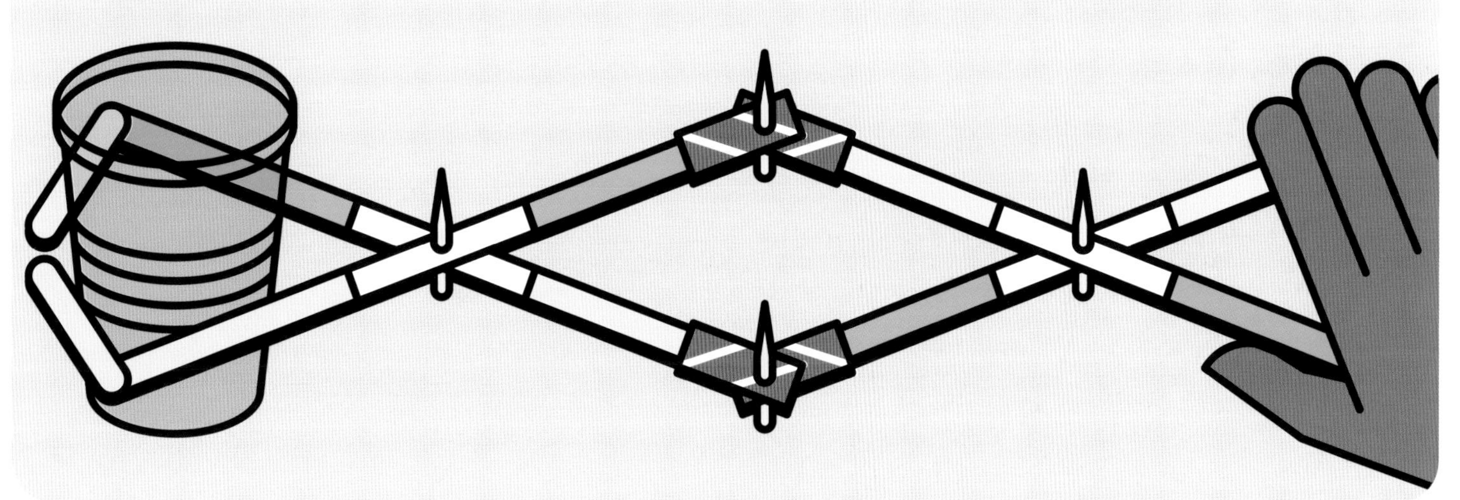

吊桥颤悠悠

仅用几根细细的绳索如何能支撑起一座桥？自己动手尝试一下，你就会发现“颤悠悠”背后的奥秘了！

实验必备

- 4 张 A4 规格的厚卡纸
- 纸胶带
- 剪刀
- 用过的大瓦楞纸或大纸箱
- 直尺
- 笔
- 打孔器
- 8 根小橡皮筋
- 细绳

1 把一张卡纸卷成有普通卫生纸卷筒粗细的纸筒，然后用纸胶带把纸筒的边缘粘牢。

2 把其他 3 张卡纸也都卷成和第一个纸筒相同的纸筒，并把纸筒的边缘全部用纸胶带粘牢。

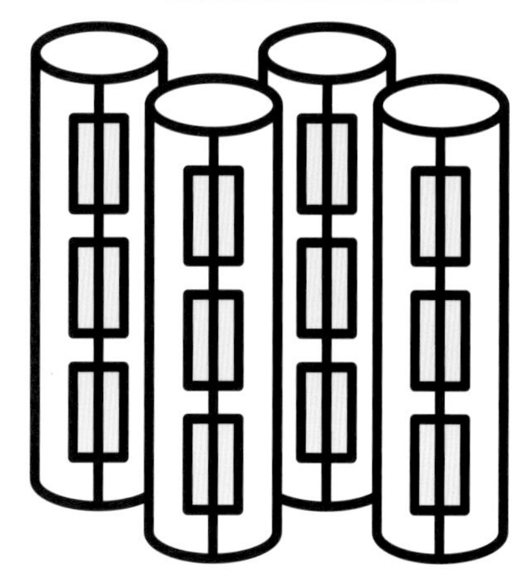

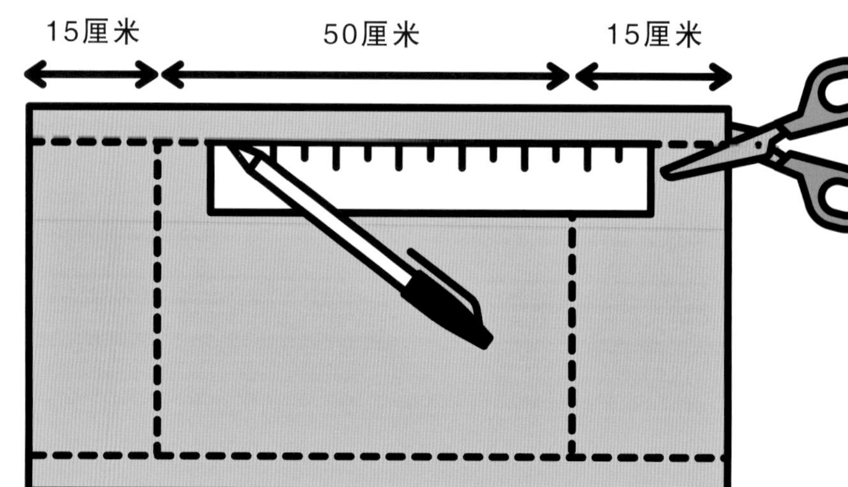

3 接下来的桥身部分需要用到一大块长约 80 厘米的长方形厚纸板。用直尺和笔在纸板上画出两条平行的直线，再沿直线剪下桥身。

4 在距离桥身两端 15 厘米的地方用直尺和笔画线，压出折痕，折叠一下做成吊桥的斜坡。

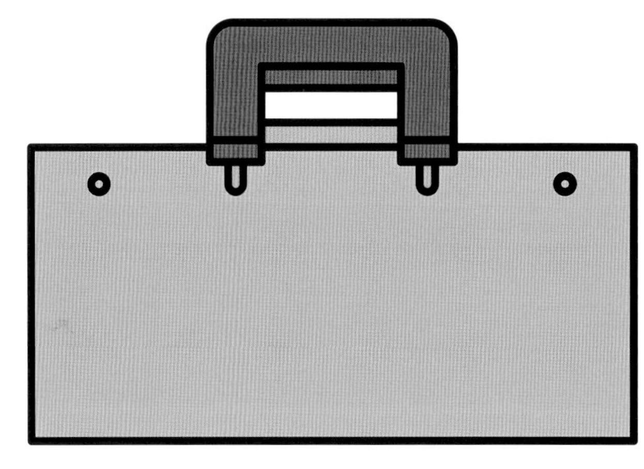

5 剪出两块长条硬纸板做吊桥的基座。纸板的长度需要比桥身的宽度长 20 厘米，纸板的宽度约 8 厘米。

6 用纸胶带把一个纸筒尽量竖直地粘到长纸板的一头，另一头再粘一个纸筒。同样，把另两个纸筒也竖直粘到另一块长纸板上。

7 如图所示，用打孔器在桥身的两侧打孔，每侧打出 4 或 6 个洞即可。

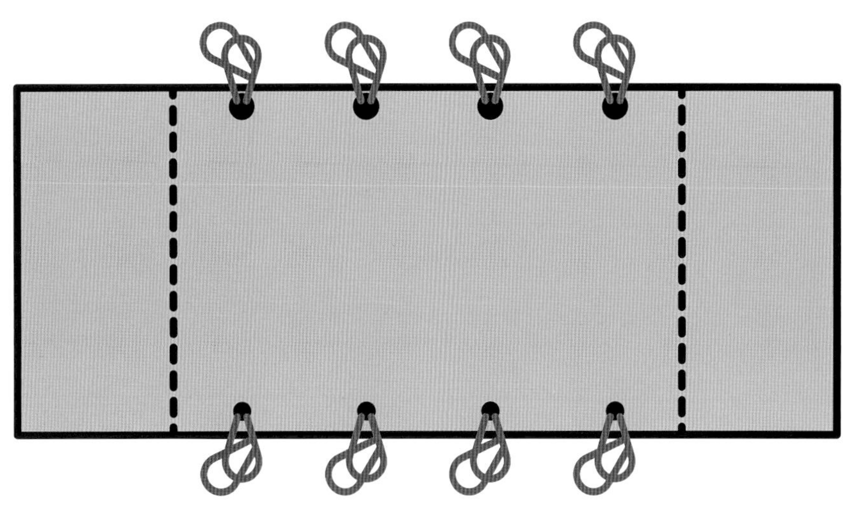

8 找一根橡皮筋从一个洞里穿过去。

9 再把橡皮筋从"桥面"下弯回来，穿过桥面上的另一头并拉紧。

10 重复第 8、9 步，将橡皮筋穿进桥身的其他洞并拉紧。

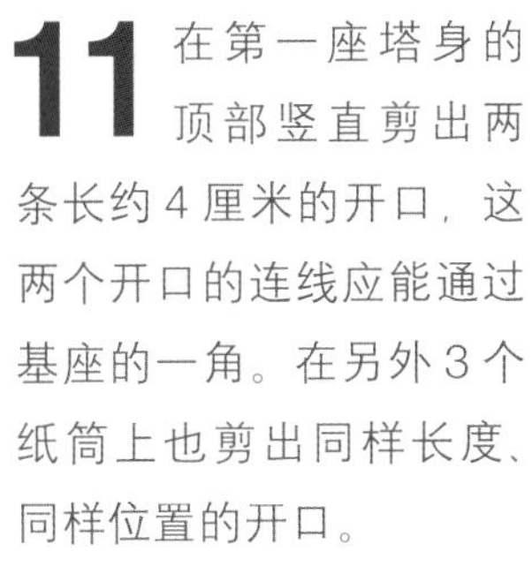

11 在第一座塔身的顶部竖直剪出两条长约 4 厘米的开口，这两个开口的连线应能通过基座的一角。在另外 3 个纸筒上也剪出同样长度、同样位置的开口。

12 再剪出一根长 122 厘米的细绳，从桥面上的橡皮筋圈里挨个穿过，再把细绳头卡进塔身顶端的两个开口里并拉紧。

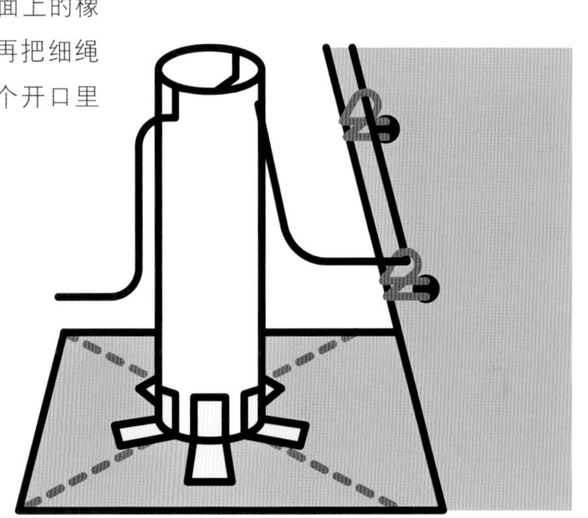

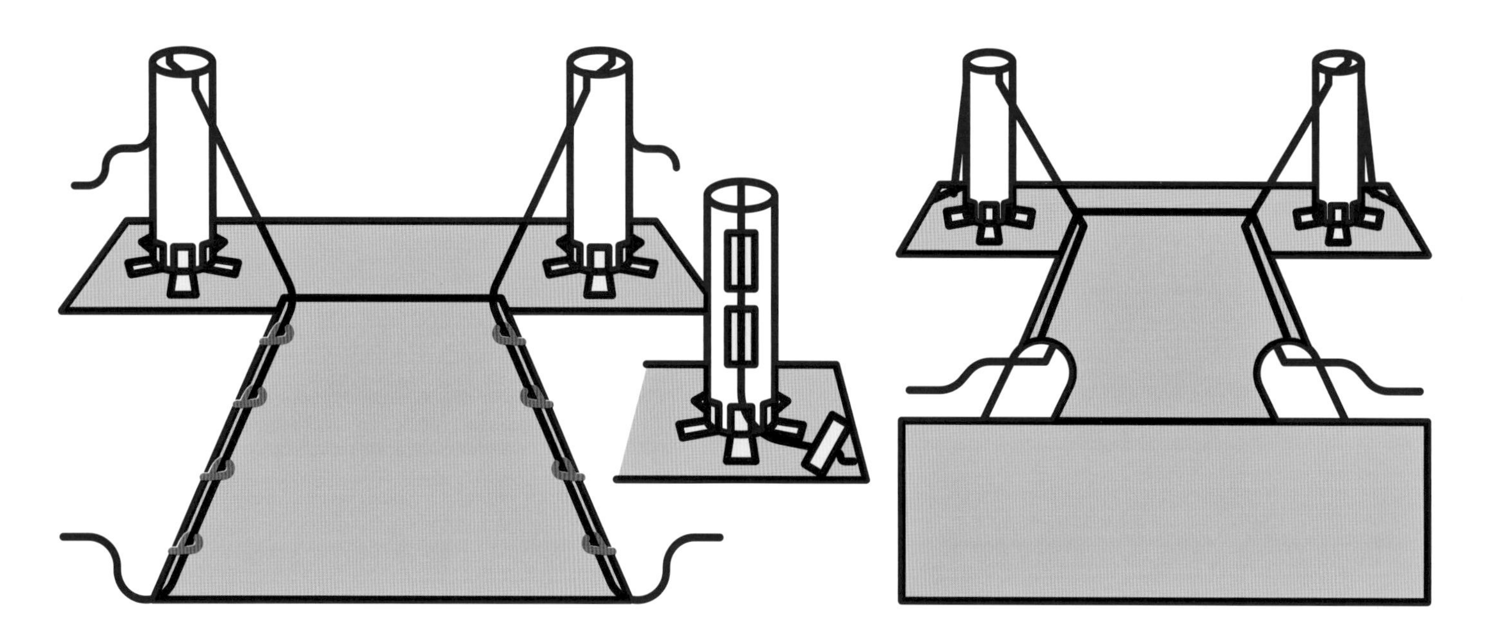

13 在另一座塔身和另一侧桥面重复以上步骤。做好以后，会有两根 122 厘米长的细绳分别从桥身两侧的橡皮筋圈里穿过，每根细绳各有一端绳头穿过塔身顶端的两个开口并拉紧，如图所示。

14 把垂在塔身外的绳头用胶带固定在塔身和基座上。

15 把桥对面未固定的绳头同样从另两座塔身顶端的口子穿过，然后把整个基座和桥身平放到桌面上，如图。

16 再回到前两座塔，用胶带把它们牢牢固定在桌面上。

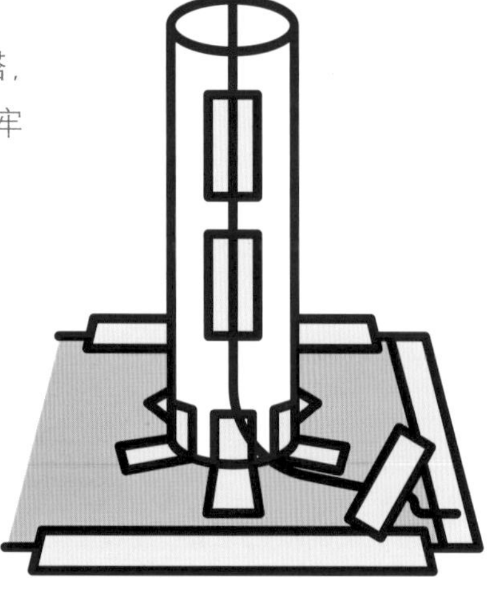

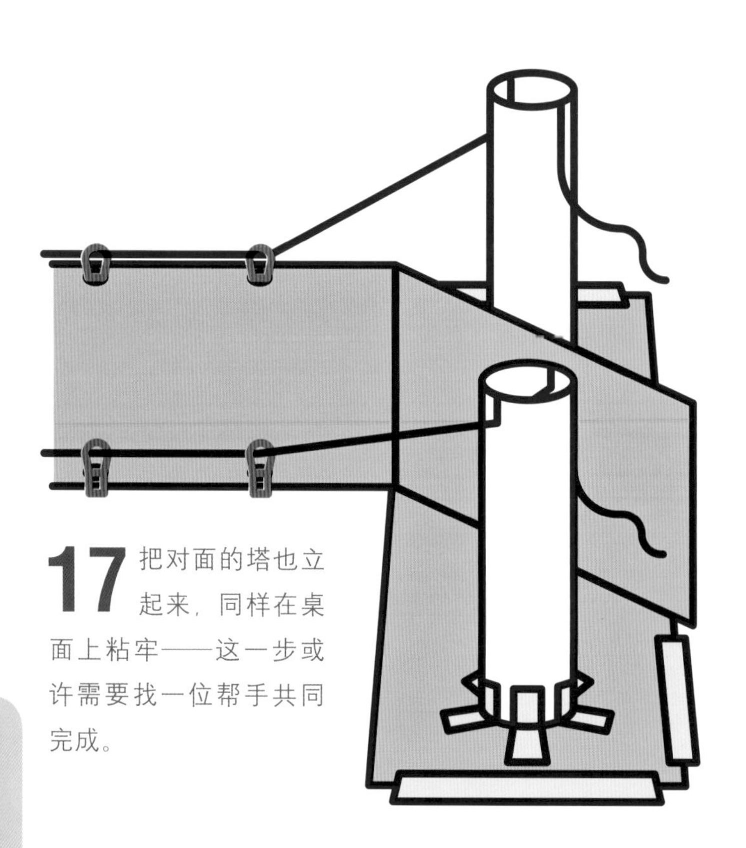

17 把对面的塔也立起来，同样在桌面上粘牢——这一步或许需要找一位帮手共同完成。

现实世界

世界各地都有吊桥，最著名的吊桥之一就是美国旧金山的金门大桥。聪明的工程师们设计建造各种吊桥的历史可以追溯至数百年前。在南美洲的秘鲁，甚至有一座吊桥是由草叶编织成的绳子悬吊起来的，历经 500 多年的风吹雨打，它依然“健在”。

18 接下来，我们就要让吊桥真的“悬吊”起来了！扯动两个尚未固定的绳头，桥身就会被拉起；然后再调整一下细绳的松紧以保证桥面本身水平。等一切调试完毕后，再用胶带把绳头固定到塔身和基座上（同第 14 步）。现在，唯一吊起这座大桥的，就是两条细细的绳子！

19 最后用胶带把桥面的两端在地面（即桌面）上固定起来，形成稳固的斜坡。吊桥绝对坚实，放心开车上去吧！

科学原理是什么？

你竟然自己动手搭建了一座吊桥！

吊桥的巧妙之处在于，任河流再宽阔、峡谷再高深，架桥时都无须铺架笨重又费时的桥墩。工程师们用钢索穿过桥面，然后用两侧的桥塔把整座桥梁悬挂起来。桥梁的重量由桥塔承受，桥塔底部也会因为这个压力而稳稳扎在地下。深深埋进地下的桥塔和牢牢固定在塔身和桥面的钢索使吊桥更能承重、更加稳固。即便遭遇强烈的地震，结实又柔韧的吊桥桥身也会毫发无损，很厉害吧！

天气风向标

今天的风往哪里吹？简单动动手，做个风向标，让风向一目了然！

实验必备

- 一张 A4 卡纸
- 塑料吸管
- 剪刀
- 一次性纸碗
- 一次性纸杯
- 热熔胶枪
- 直尺
- 带有橡皮头的铅笔
- 大头针
- 磁铁指南针
- 美工刀

1 在吸管两端各剪出约 2.5 厘米深的开口，要保证剪出的开口能插卡纸。

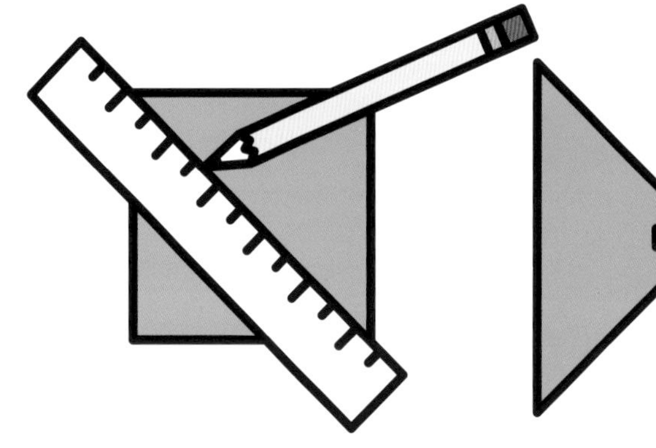

2 用直尺在卡纸上量好并画出一个边长 8 厘米的正方形，然后把它剪下来。

3 继续用直尺画出这个正方形的一条对角线，再沿对角线将正方形剪成两个相同的三角形。

4 将两个三角形分别插入吸管两端的切口中，注意两个三角形的方向要一致。

现实世界

风向标在许多地方都很常见，对农民尤为重要，因为只有掌握了风向、风力和天气变化，他们才能更好地安排自己的农活，也能更及时地保护农作物，使之免受天气影响。

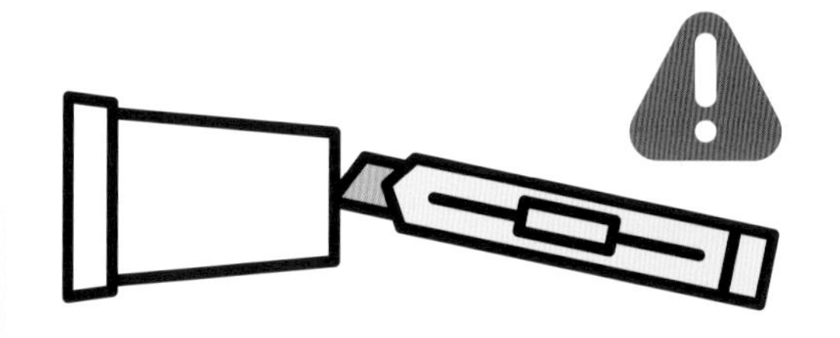

5 请大人帮忙用美工刀在纸杯底部戳一个洞。请大人刚开始把洞戳得小一点，之后再逐渐把洞扩大，直到能让铅笔稳稳当当地竖直插进去。

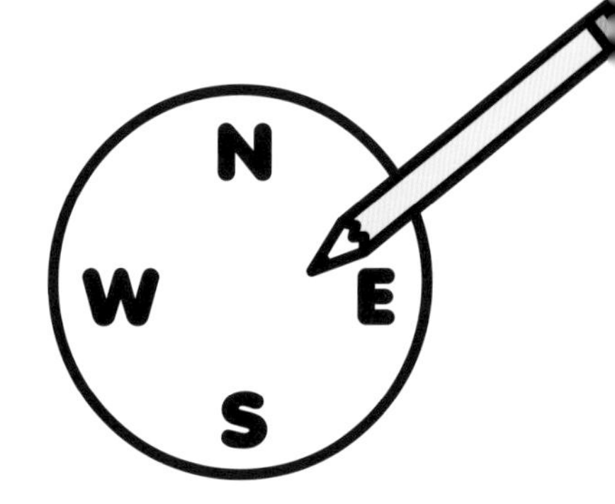

6 把纸碗翻转过来倒扣着，如图用笔在碗底标出代表 4 个方位的字母：N（北）、E（东）、S（南）、W（西）。

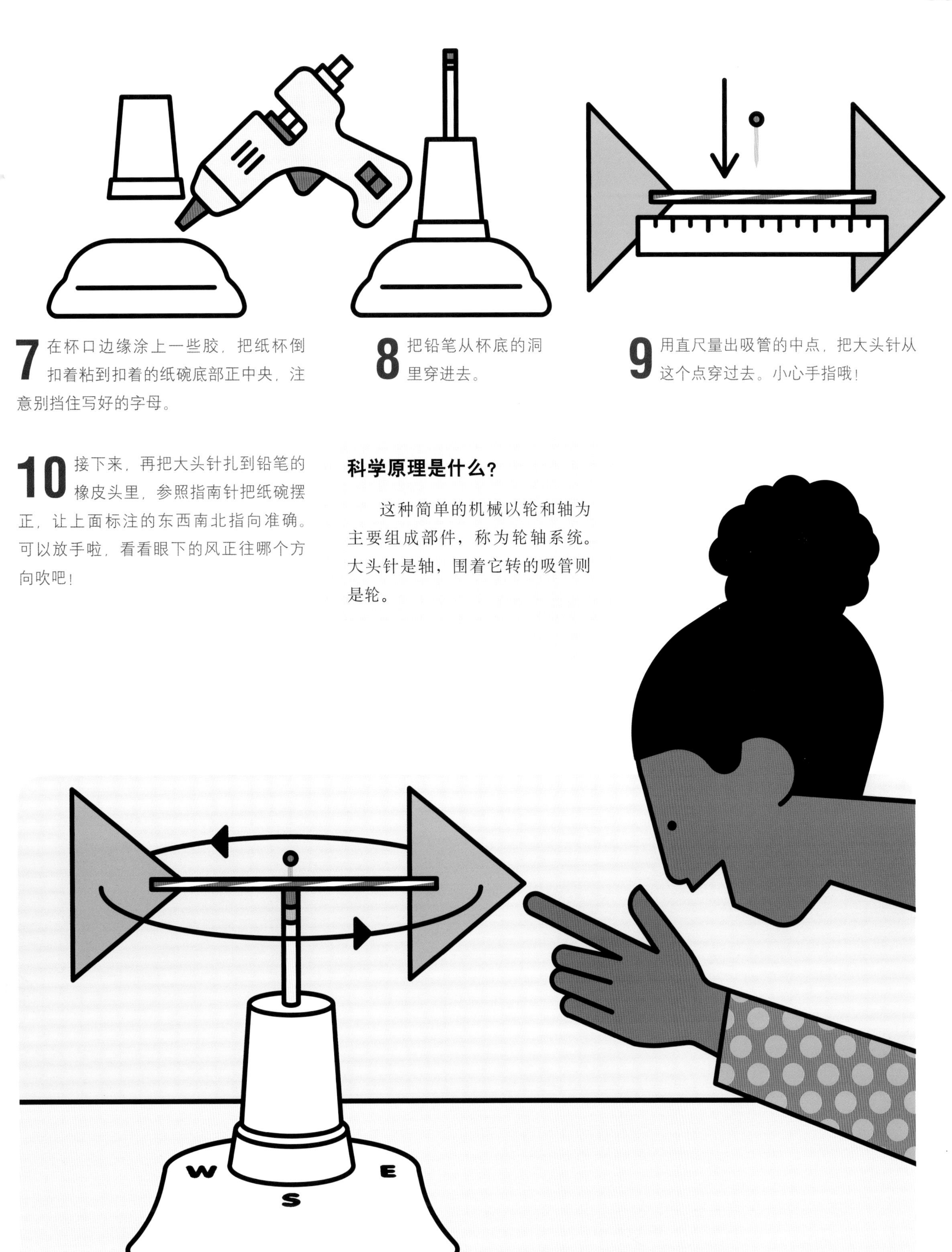

7 在杯口边缘涂上一些胶，把纸杯倒扣着粘到扣着的纸碗底部正中央，注意别挡住写好的字母。

8 把铅笔从杯底的洞里穿进去。

9 用直尺量出吸管的中点，把大头针从这个点穿过去。小心手指哦！

10 接下来，再把大头针扎到铅笔的橡皮头里，参照指南针把纸碗摆正，让上面标注的东西南北指向准确。可以放手啦，看看眼下的风正往哪个方向吹吧！

科学原理是什么？

这种简单的机械以轮和轴为主要组成部件，称为轮轴系统。大头针是轴，围着它转的吸管则是轮。

磁铁转转盘

只需要几个空易拉罐、一块磁铁、几枚小螺母，你就能做出一件不停旋转的神奇玩具来！

实验必备

- 6个同样大小的铝制易拉罐
- 美工刀
- 剪刀
- 一块钕磁铁
- 几枚金属螺母
- 热熔胶枪
- 水彩笔

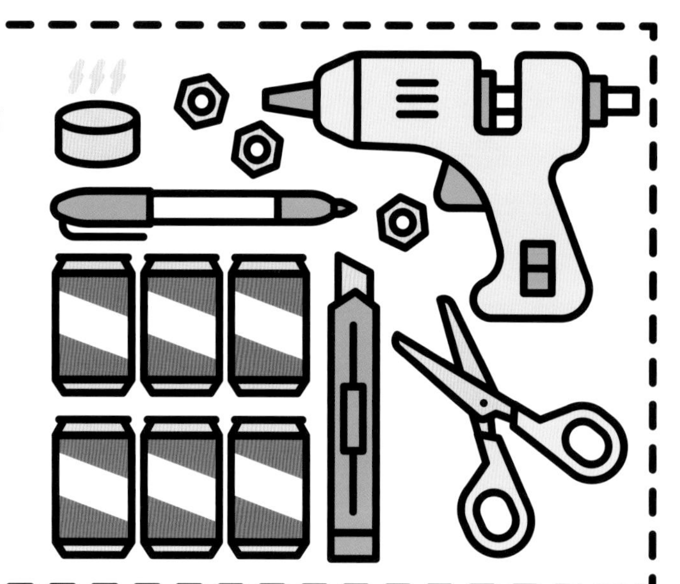

1 请大人帮忙用美工刀把第一个易拉罐从中切开，再用剪刀把罐底部分剪下来。

剪开的易拉罐边缘非常锋利，千万不要自己操作这一步！

2 再请大人帮忙把易拉罐的底部剪下来，并进一步修剪它的边缘，我们要的是最下面那个浅浅的圆底盘。

3 重复第1、2步，同样取得其他5个易拉罐的底盘。

4 用胶把磁铁粘到第一个底盘里面。

5 给第二个底盘的边缘挤一圈胶，然后扣到第一个底盘上，上下严密粘牢，形成一个像飞碟一样的容器。

6 用水彩笔在“飞碟”周围做标记，以方便辨别哪个飞碟里有磁铁，哪个没有。

7 再拿一个底盘，用热熔胶把一枚螺母粘进去。螺母很小的话，也可以多粘两个。

8 同样在第 7 步的底盘上扣一个底盘，用热熔胶把它们的边缘粘到一起做成一个飞碟。接着再做一个与之完全一样、里面粘着螺母的飞碟。现在我们就做好了两个螺母飞碟和一个磁铁飞碟。

答疑解惑

如果你的飞碟转得没你想的那么快或那么久，可以把它们放到另一个平面上再试试，例如玻璃台面或光滑的厨房操作台。如果想让螺母飞碟在磁铁飞碟上转得更稳，可以在螺母飞蝶与磁铁飞碟接触的那面上凿一个浅浅的凹痕。

9 把一个螺母飞碟放到磁铁飞碟上，旋转一下磁铁飞碟，注意观察会发生什么。

10 再轻轻地把第二个螺母飞碟也放上去，试试能否使 3 个飞碟同时旋转起来！

科学原理是什么？

钕磁铁即使放在飞碟里，也会对其他飞碟里的螺母产生极大的吸力。磁铁飞碟旋转起来时，这股吸力会不断地影响另外两个飞碟里的螺母，我们也才能因此见到这个貌似岌岌可危、实则彼此制衡的旋转装置。

双杯飞行器

见过世界上最奇异的飞行器吗？没错，就是你即将要亲手做出来的这一个，一定会让你瞠目结舌！

实验必备

- 两只一模一样的塑料杯
- 强力胶带
- 4 根长橡皮筋

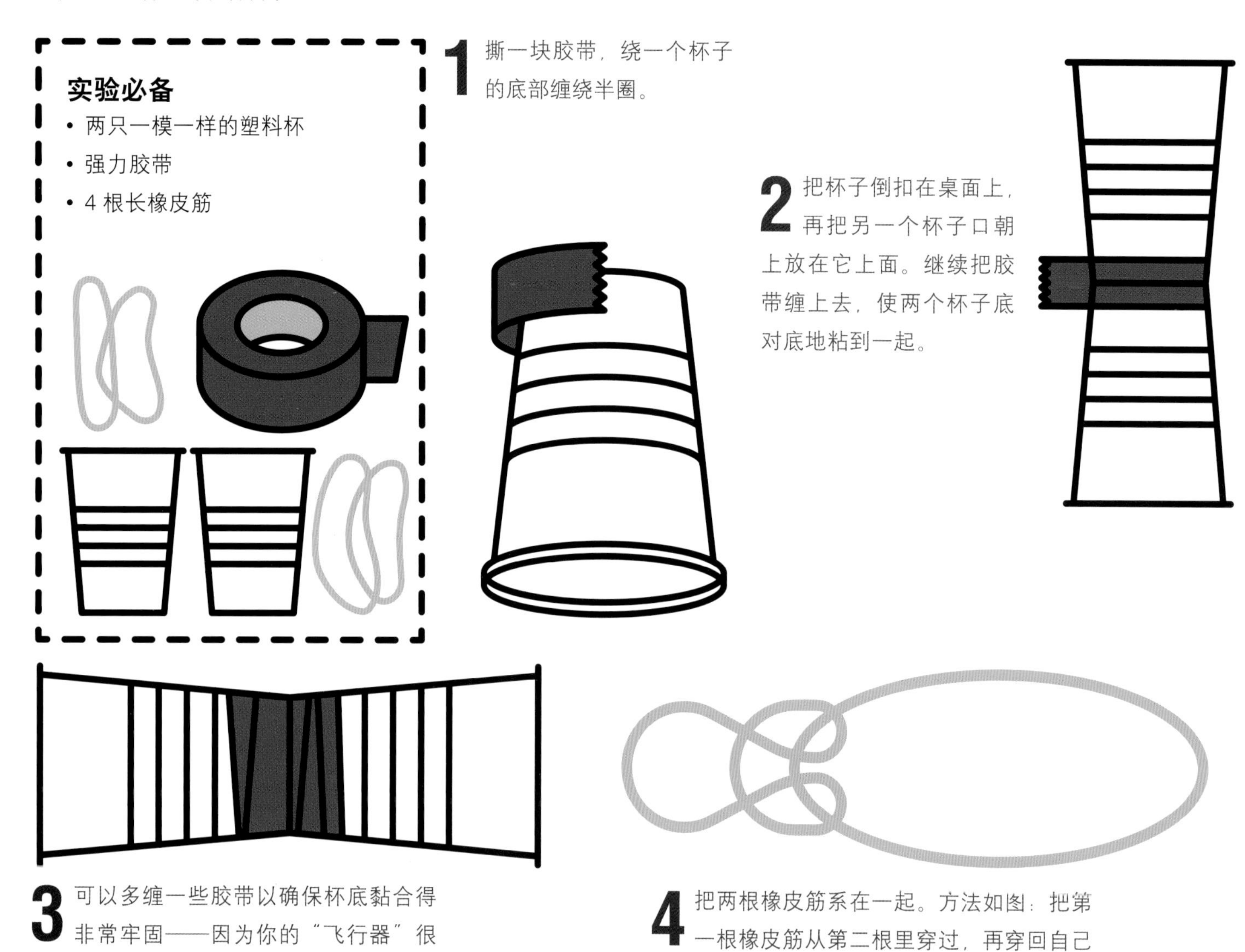

1 撕一块胶带，绕一个杯子的底部缠绕半圈。

2 把杯子倒扣在桌面上，再把另一个杯子口朝上放在它上面。继续把胶带缠上去，使两个杯子底对底地粘到一起。

3 可以多缠一些胶带以确保杯底黏合得非常牢固——因为你的“飞行器”很可能会在飞行中遭遇不少强力碰撞呢！

4 把两根橡皮筋系在一起。方法如图：把第一根橡皮筋从第二根里穿过，再穿回自己的圈里并拉紧。

5 用同样的办法把剩下的两根橡皮筋也连上去，4 根橡皮筋串在一起形成一条“链子”。

6 如图，用拇指把橡皮筋链的一头压在两个杯底的接口处。

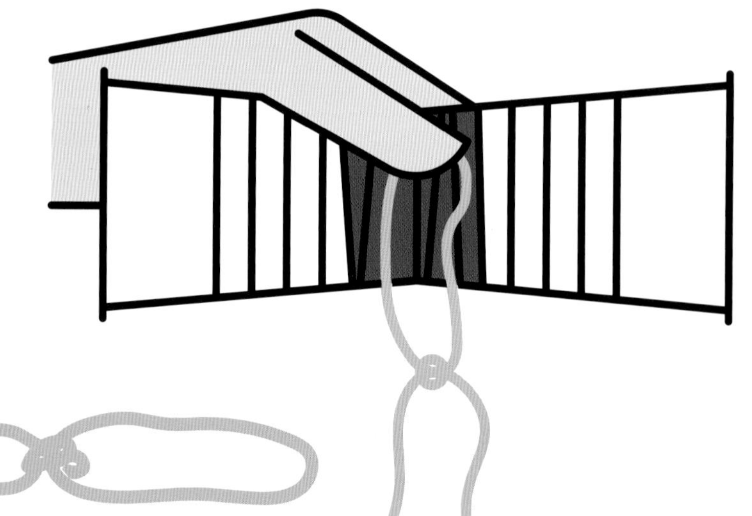

科学原理是什么？

这个飞行器能飞起来，要归功于一个叫作“马格努斯效应”的原理。飞行器在空中回旋的动作会让杯子上方的气压小于杯子下方的气压，因此下面较大的气压就会推着杯子向上运动。足球或乒乓球能在空中划着弧线“漂移”，也是因为同样的原理。

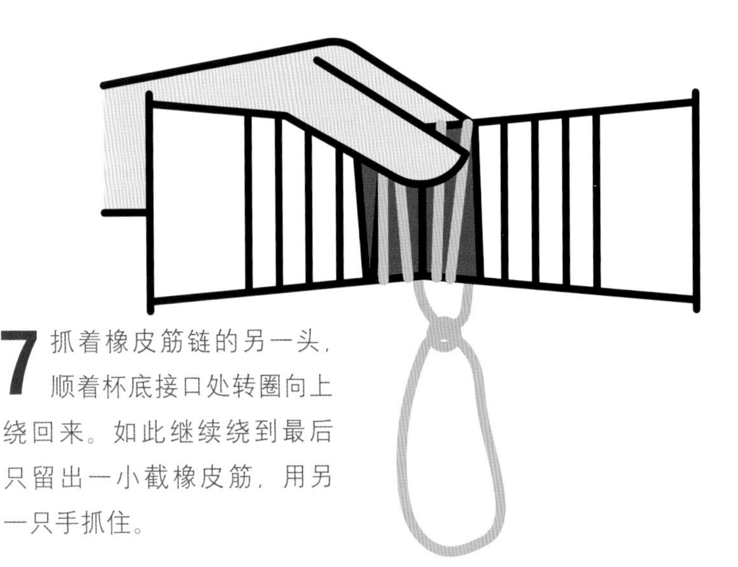

7 抓着橡皮筋链的另一头，顺着杯底接口处转圈向上绕回来。如此继续绕到最后只留出一小截橡皮筋，用另一只手抓住。

8 一手紧抓杯底接口处的橡皮筋，另一只手拽着最后一小截橡皮筋往回拉，就像我们打弹弓时一样。

学无止境

可以带着你的飞行器找一个高处发射，看看它能飞多远。但要注意，不要从高楼层向外发射，否则可能会危害楼下行人的安全。

9 快速放开杯子，同时用拉着橡皮筋的手向下猛拽，两个杯子做成的飞行器就会疯狂旋转着飞出去啦，飞行距离还不短呢！

玻璃弹珠过山车

想要一颗能上天入地、飞速环行、横跨大桥的“飞毛腿”弹珠吗？马上动手吧！

实验必备

- 3 条聚乙烯管道保温棉
- 一根快递包裹用硬纸筒（比保温棉稍粗）
- 塑料杯
- 剪刀
- 纸胶带
- 小玻璃弹珠
- 书、DVD 或其他可以垒成基座支撑跑道的东西

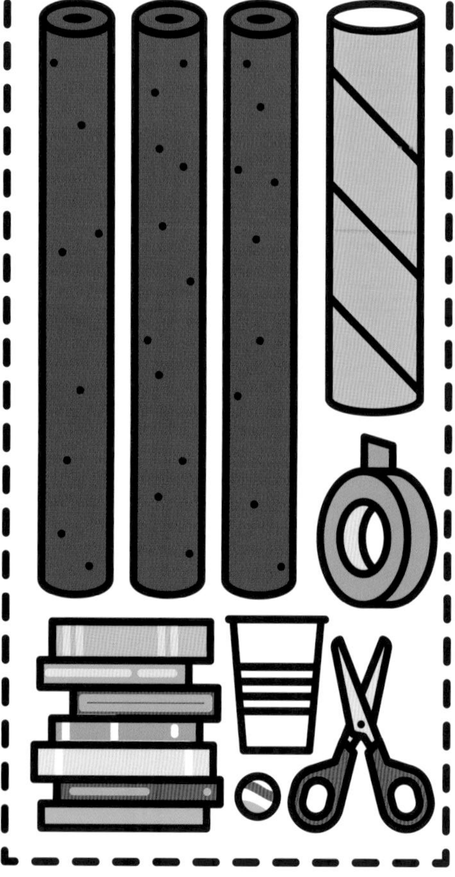

1 管道保温棉一般都有一侧可以打开，用大拇指顺着开口从一端到另一端打开保温棉。

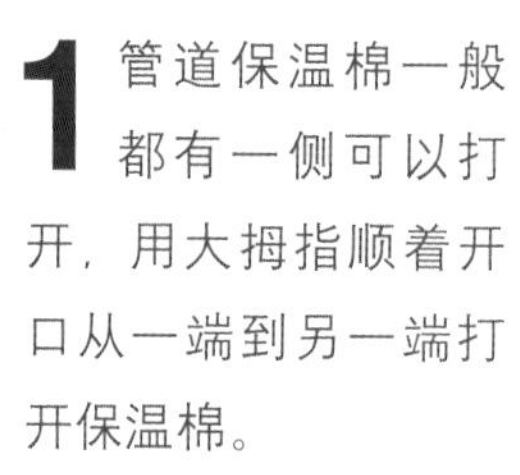

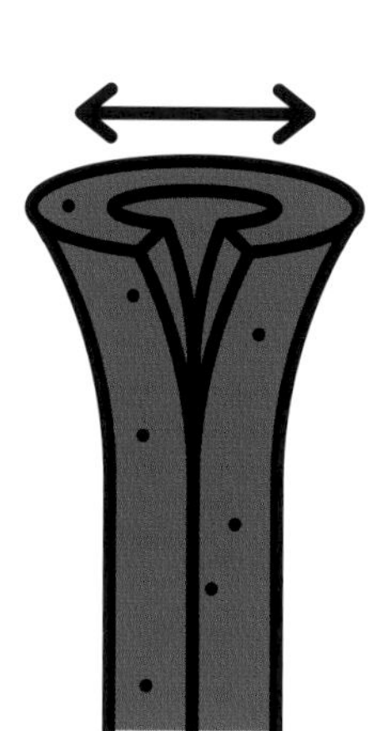

2 参照保温棉的开口线，把保温棉剪成两条相同的半圆管道。

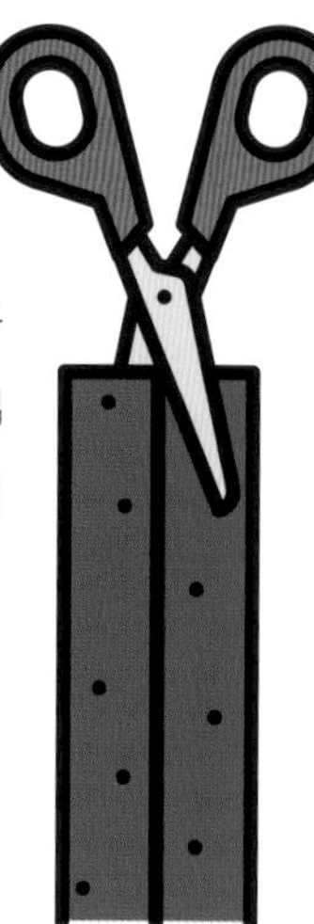

3 重复第 1、2 步把其他两条保温棉也同样剪开，最后我们会得到 6 条半圆形的管道，它们将成为“过山车”的跑道。

4 找一些书摞起来，把一条跑道搭上去。

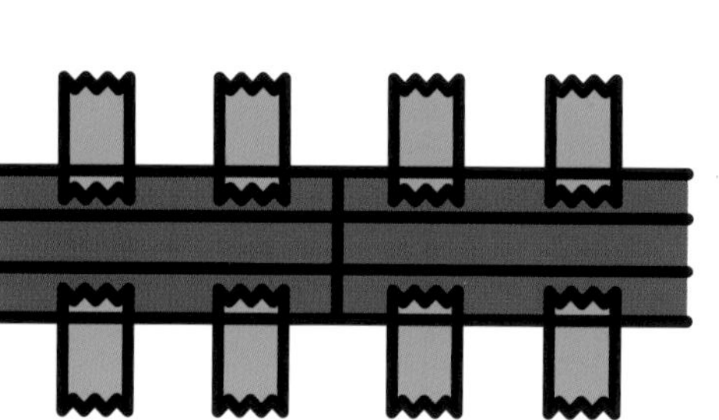

5 用纸胶带把跑道底部粘在桌面上，然后把第二条跑道接上并用胶带固定。注意纸胶带的粘贴位置，不能让它们阻挡玻璃弹珠的滚动。

学无止境

可以调整书本基座的高度和跑道的坡度，也可以试着把桥梁或其他部件进行各种排列组合。

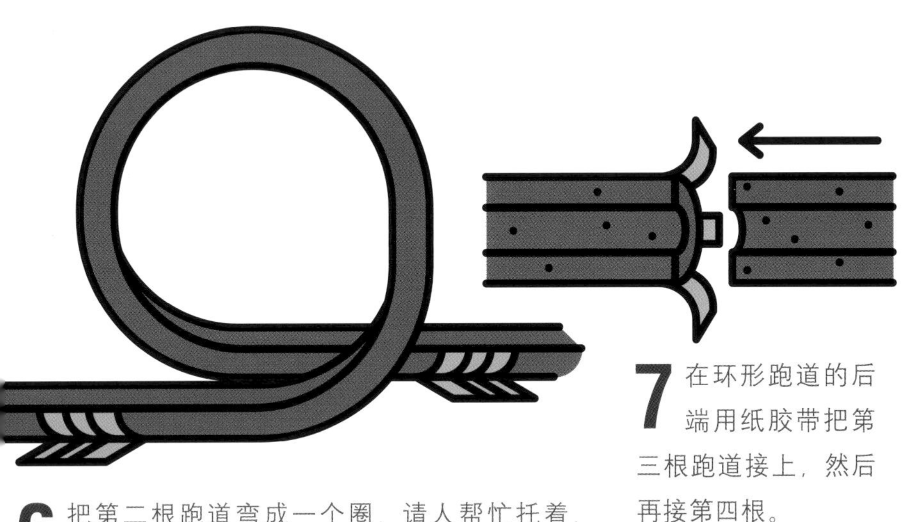

6 把第二根跑道弯成一个圈，请人帮忙托着，把这根跑道的另一头也固定到桌面上。

7 在环形跑道的后端用纸胶带把第三根跑道接上，然后再接第四根。

科学原理是什么？

把玻璃弹珠放到跑道起始处的最高点会给玻璃弹珠聚集相当大的能量，让弹珠在顺着跑道俯冲下来的过程中加速，并能顺利通过环形跑道而不会中途掉落。不过，在滚动的过程中，弹珠和空气及跑道的摩擦会消耗一部分能量，在跑道够长的情况下，玻璃弹珠最终会停下来。

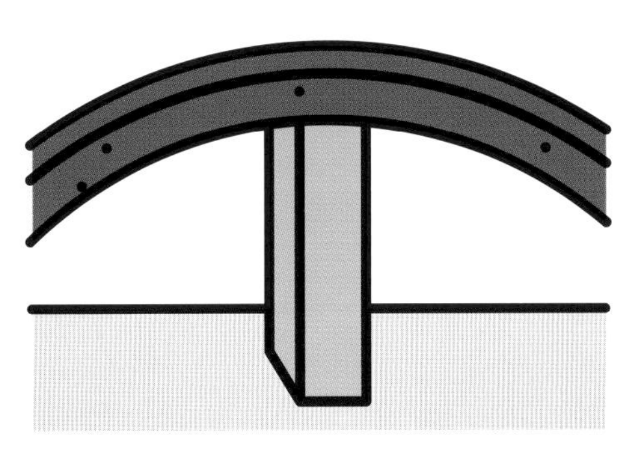

8 可以在这条长跑道的某处找个东西撑着，这样就能把跑道托举起来形成一座弧形拱桥。至此，我们就得到了一条从长坡开始、绕个环形、再跨过桥的跑道。

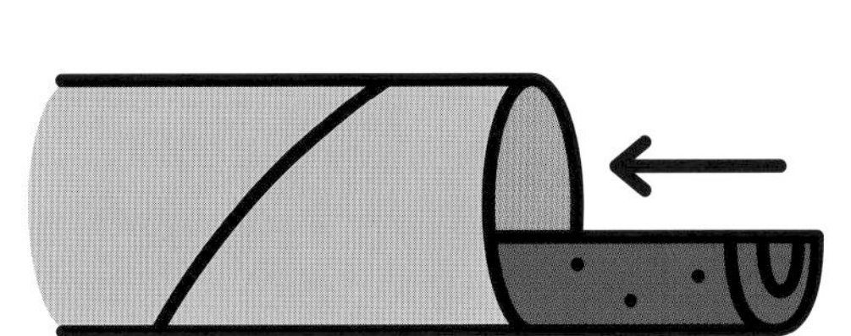

9 把最后两截半圆保温棉跑道继续接好，并套上纸筒，一条隧道就出现了。

10 用书堆一个较矮的基座，将跑道的末端向上顶起，并在终点后放一个塑料杯来接玻璃弹珠。

11 过山车的跑道大功告成，快拿玻璃弹珠试试吧。可以调整一下起点的坡度，更陡的坡能让俯冲下来的玻璃弹珠有更强的冲劲，保证玻璃弹珠顺利绕行环形跑道并跨过桥梁。

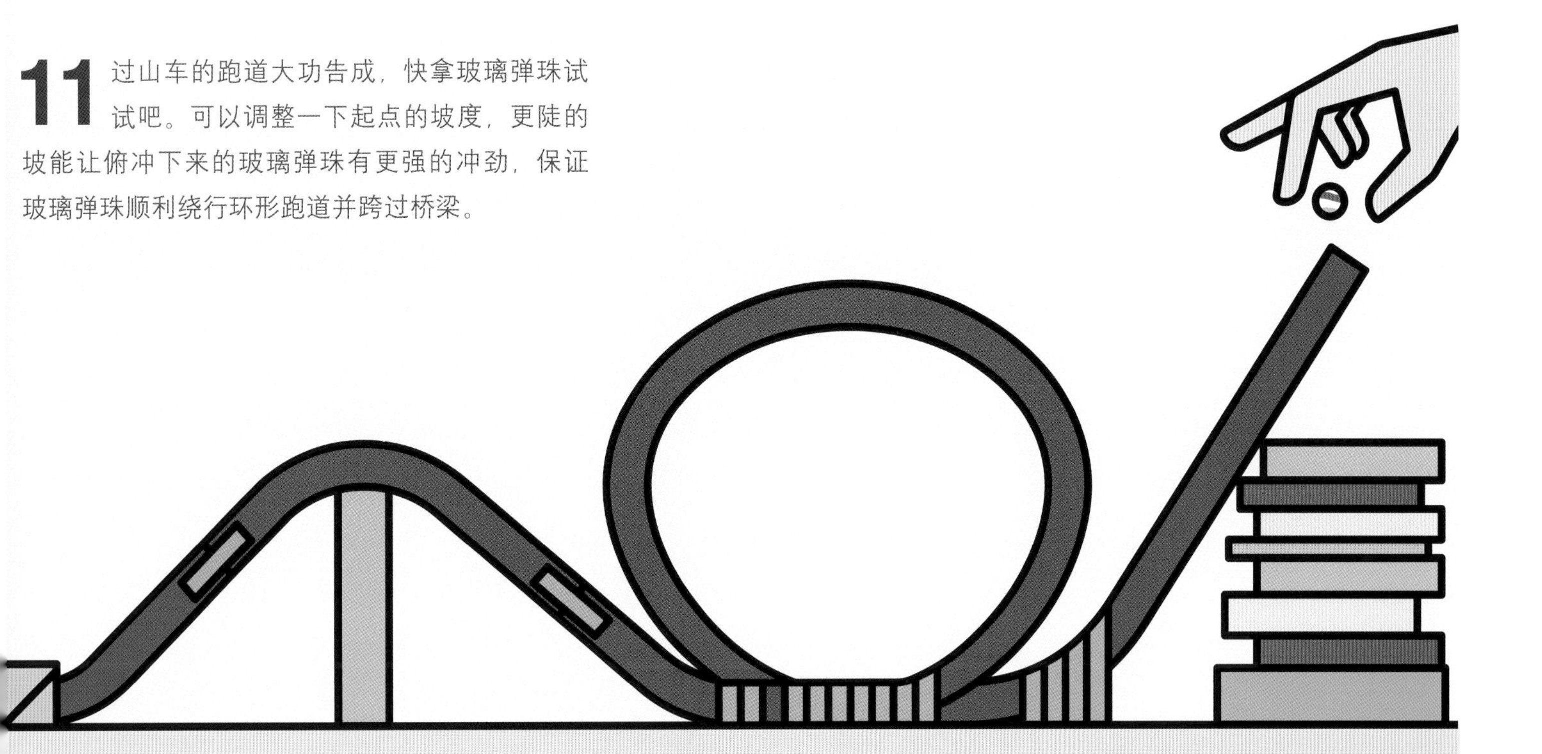

晾衣绳小飞艇

你家里有没有晾衣绳呢？有的话，不妨动手做一架可以顺着晾衣绳来回穿梭的小飞艇。

实验必备

- 8 根手工木棒
- 热熔胶枪
- 大号橡皮筋
- 4 枚曲别针
- 纸胶带
- 直尺
- 小钉子
- 一支旧圆珠笔
- 空塑料汽水瓶
- 美工刀
- 锥子或其他尖锐工具（用来扎洞）
- 若干图钉
- 一张 A4 卡纸
- 细绳

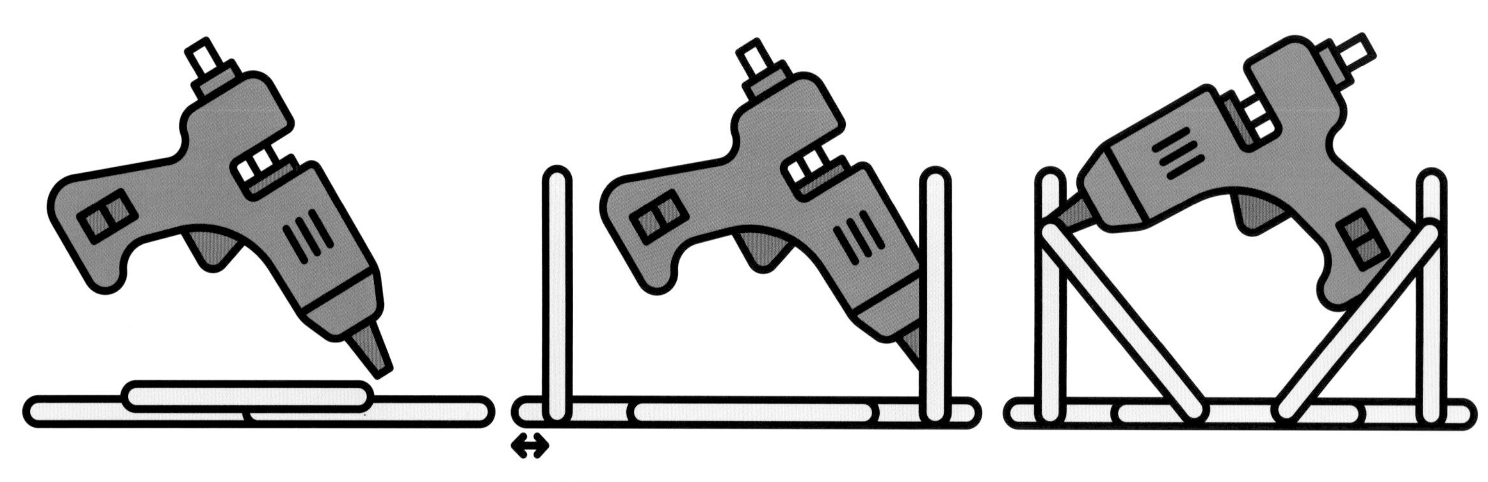

1 首先来做小飞艇的主体框架。把两根手工木棒相连摆成一条直线，再用热熔胶把第三根手工木棒粘到上面。

2 再取两根手工木棒分别垂直地粘到第一步做好的木棒两端，并在两端分别留出 2.5 厘米长的部分。

3 再取一根手工木棒，如图斜着粘到两条直角边上，形成三角形加固框架。框架另一侧也进行同样操作。

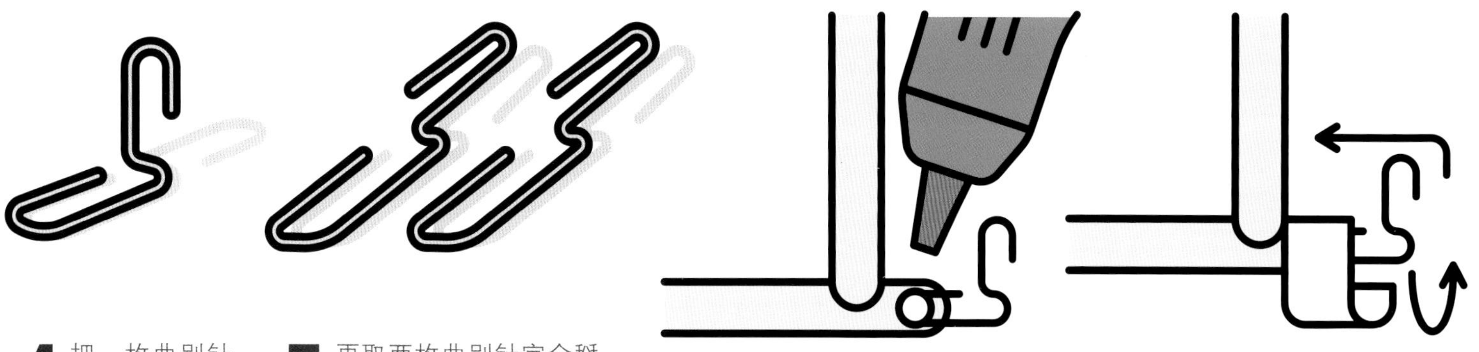

4 把一枚曲别针轻轻打开，放置一旁待用。

5 再取两枚曲别针完全掰开，然后把小的一头拧转 90 度，如图所示。

6 把第 4 步中部分打开的曲别针粘到框架的一端，那一端就成了飞行器的尾部。

7 用纸胶带在曲别针和手工木棒黏合的尾部缠绕加固，再把曲别针打开的部分重新折回去。

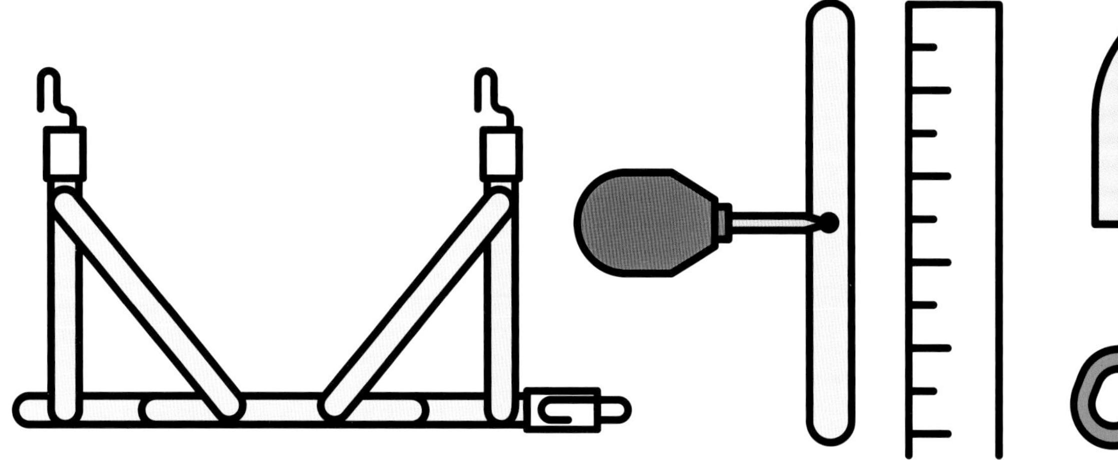

8 将另外两枚曲别针分别粘到框架的顶部，确保它们的开口一致以便能挂到晾衣绳上。

9 接下来该制作螺旋桨助推器了。用直尺在最后一根手工木棒上找到中心点，再用锥子扎出一个洞。

10 剪下塑料瓶有弧度的上半部分裁成两半，然后继续从上面剪出两条有弧度的塑料片，当作螺旋桨的叶片。

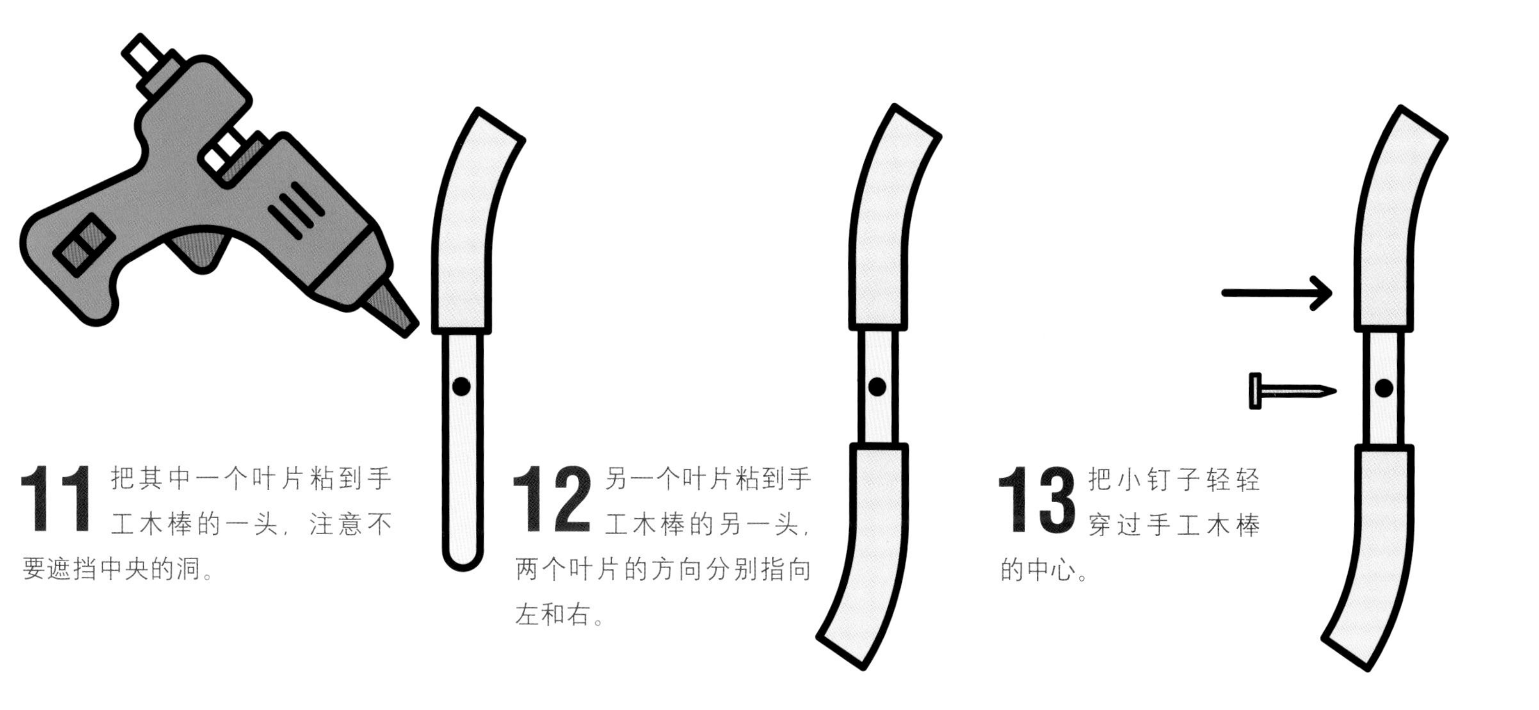

11 把其中一个叶片粘到手工木棒的一头，注意不要遮挡中央的洞。

12 另一个叶片粘到手工木棒的另一头，两个叶片的方向分别指向左和右。

13 把小钉子轻轻穿过手工木棒的中心。

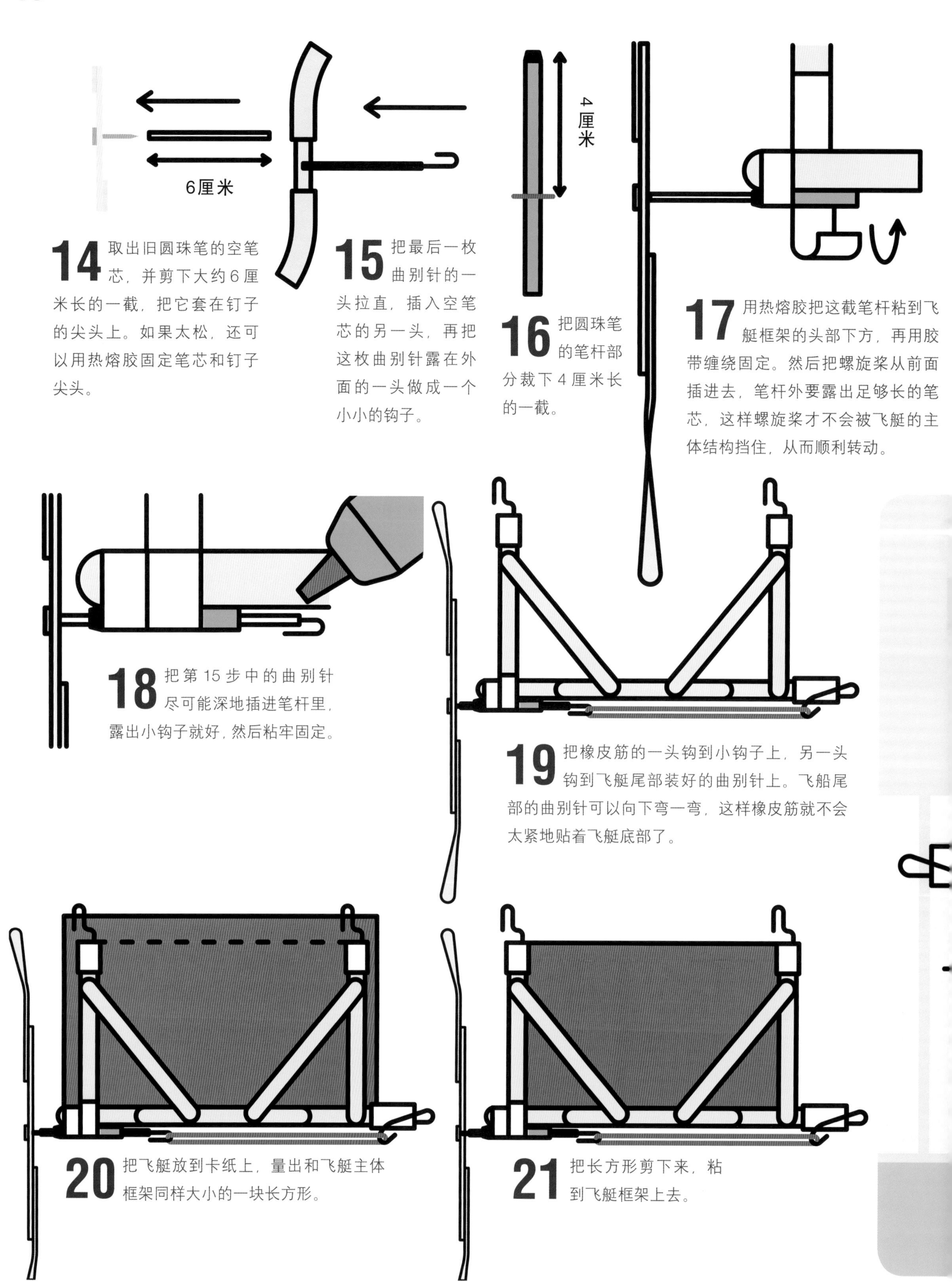

14 取出旧圆珠笔的空笔芯，并剪下大约6厘米长的一截，把它套在钉子的尖头上。如果太松，还可以用热熔胶固定笔芯和钉子尖头。

15 把最后一枚曲别针的一头拉直，插入空笔芯的另一头，再把这枚曲别针露在外面的一头做成一个小小的钩子。

16 把圆珠笔的笔杆部分裁下4厘米长的一截。

17 用热熔胶把这截笔杆粘到飞艇框架的头部下方，再用胶带缠绕固定。然后把螺旋桨从前面插进去，笔杆外要露出足够长的笔芯，这样螺旋桨才不会被飞艇的主体结构挡住，从而顺利转动。

18 把第15步中的曲别针尽可能深地插进笔杆里，露出小钩子就好，然后粘牢固定。

19 把橡皮筋的一头钩到小钩子上，另一头钩到飞艇尾部装好的曲别针上。飞船尾部的曲别针可以向下弯一弯，这样橡皮筋就不会太紧地贴着飞艇底部了。

20 把飞艇放到卡纸上，量出和飞艇主体框架同样大小的一块长方形。

21 把长方形剪下来，粘到飞艇框架上去。

22 取一根细绳水平拉直，两头各找一个牢固的地方系紧或用图钉固定，然后把飞艇顶部的两枚曲别针挂到细绳上。

23 转动螺旋桨，让橡皮筋拧紧。橡皮筋拧得越紧，飞艇就能飞得越快越远。觉得已经拧得足够紧了就迅速放手吧，看看你的飞艇能飞多快！

学无止境

如果想让飞艇速度更快，你还可以：

- 把细绳换成鱼线来减少摩擦；
- 在飞艇下再加一根橡皮筋以增加力度；
- 试着换一换螺旋桨的形状，看看会不会产生更大的推动力。

科学原理是什么？

在你转动螺旋桨的同时，与之相连的橡皮筋会被拧得越来越紧，也会因此积攒越来越大的能量。一旦放手，这股能量就会迅速释放出来，让螺旋桨反方向转动，推动飞艇向前冲。

旋转电动机

只需要一块电池、一块磁铁、一根铜线，就可以做出飞速转动的小小电动机吗？当然可以啦，你可是小小科学家啊！

实验必备

- 剪刀
- 钕磁铁
- 螺丝钉
- 5 号电池（AA 电池）
- 两根不同粗细的铜线

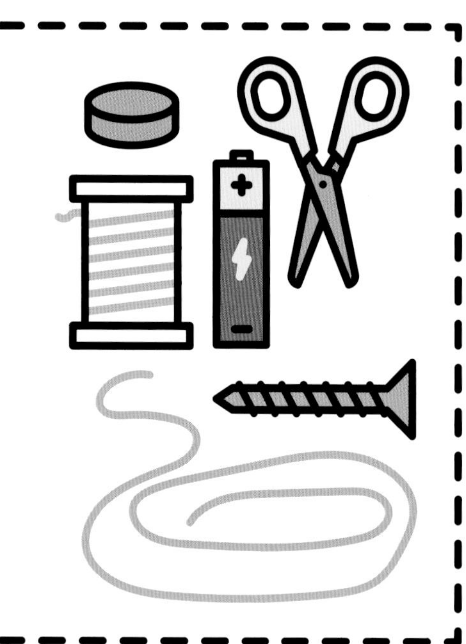

1 把细一点的铜线用剪刀剪下 15 厘米长的一截。

15厘米

2 把磁铁吸在螺丝钉的大头上。

3 再把螺丝钉倒挂着夹在电池和磁铁之间，电池的正极（也就是凸起的那头）向上。

4 把剪好的铜线一头接到电池正极的凸起上，用手指按住。

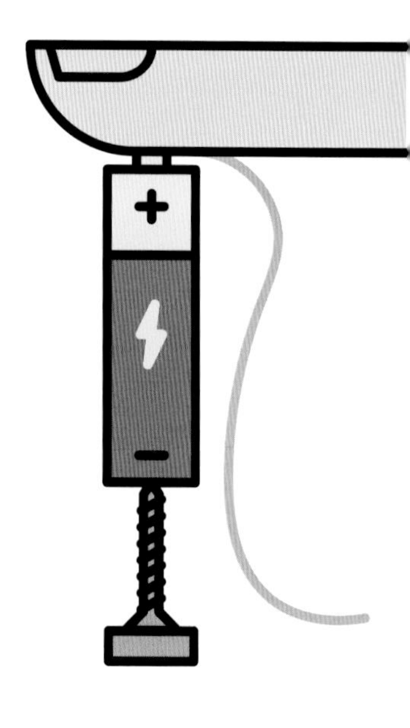

5 另一只手拿起铜线的另一头，轻轻触碰下面的磁铁。你会发现在铜线接触到磁铁后，磁铁就会开始快速转动。第一次不成功就多试几次，保证各个零件彼此紧密接触。

6 接下来，我们再把这个电动机升级一下。拆散所有零件，重新组合。这次不要放螺丝钉，让电池的负极和磁铁直接接触。

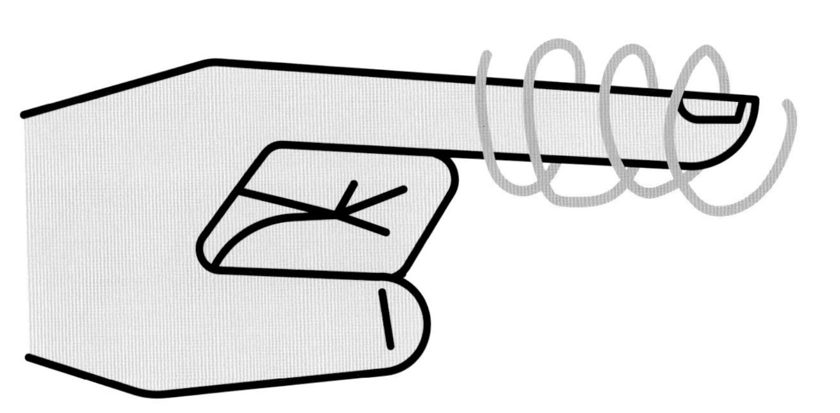

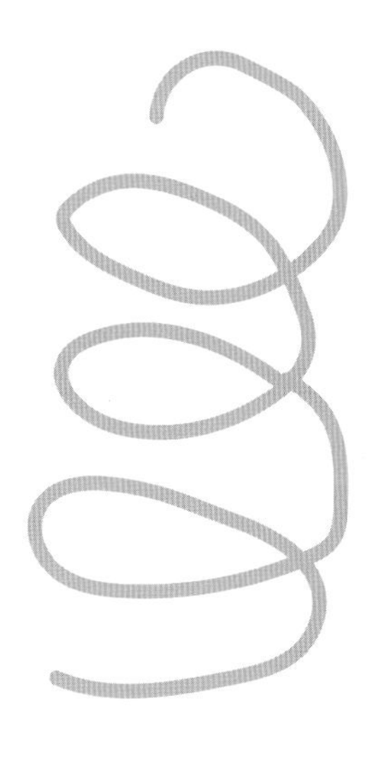

7 这次从粗一点的铜线上剪下 20 厘米长的一截，把它在手指上绕成一个线圈。因为线圈接下来要绕着磁铁，所以它的直径要比磁铁的直径稍宽一点。可以请大人用他们的手指为你卷这个线圈。

8 将线圈绕成一个上窄下宽类似锥形的形状。把线圈顶部的一头稍向下弯，使线头朝下。

9 把线圈套到电池外面，在线圈顶部的金属线头正好顶在电池正极的凸起上时就可以放手了。如果线圈不转或转速较慢，可以调节一下线圈的形状、宽窄或顶部线头的长短、方向等。一旦调整完毕，线圈就会飞快地转起来！

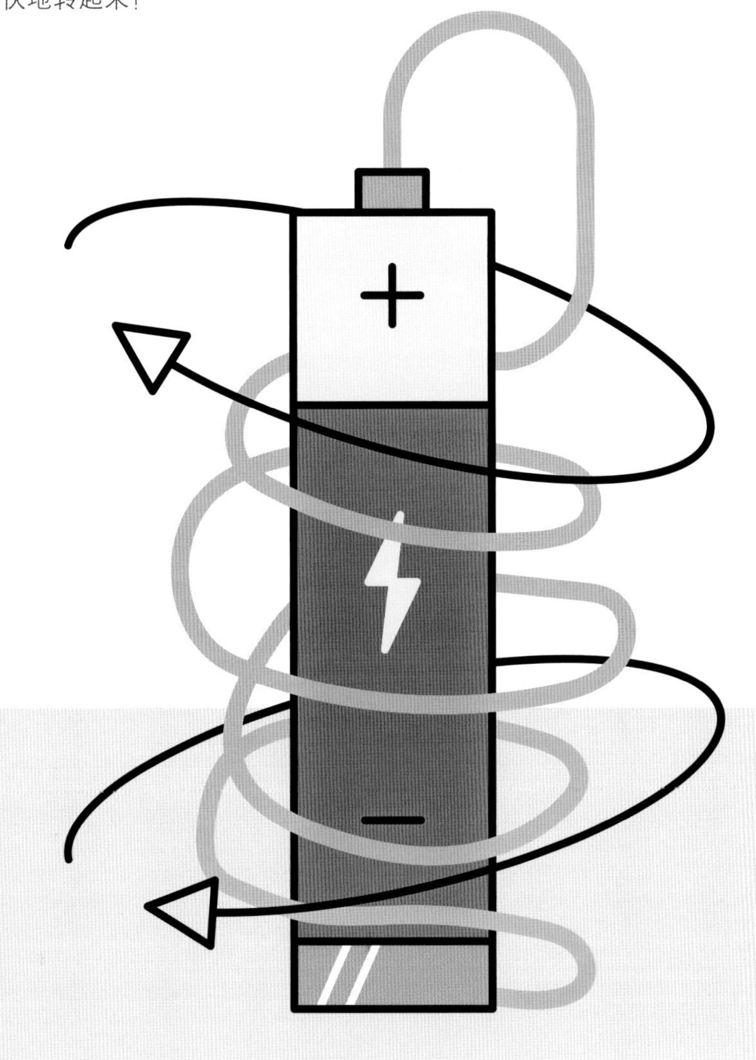

答疑解惑

如果调整了半天，线圈还是没有转起来，则可能是因为你的线圈裹着绝缘层。请大人帮忙把铜线两头烧一烧，撕掉外面的绝缘层后再重新试试。

科学原理是什么？

当铜线的一头和电池的正极相连、另一头和磁铁相连时，电流就会通过铜线形成一个完整的电路。当电流通过磁铁时，产生的动力就会让磁铁转动起来。升级版的线圈会转动起来也是出于同样的原理。这种装置也叫作单极电机。

纸鞭炮

一张白纸左折右折，就能变成一个发出巨响的鞭炮！要不要马上动手试试？

实验必备

- 一张 A4 纸

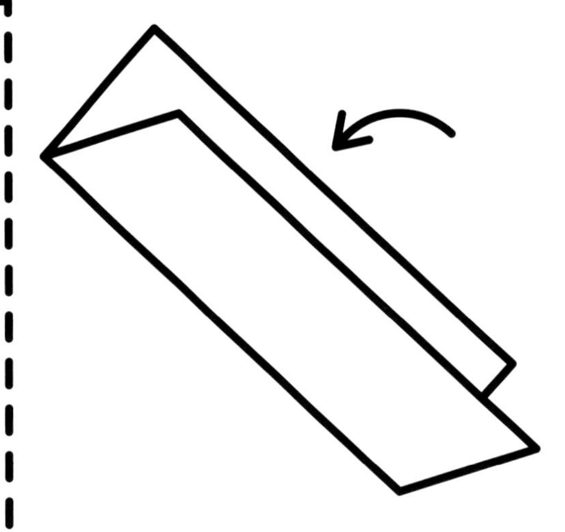

1 把这张纸纵向对折，用手指在中线上用力压平。

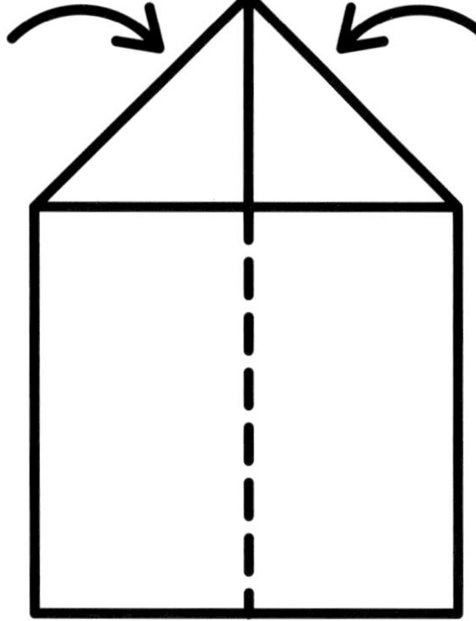

2 将纸重新打开，把顶部的一个角向内折，和中线对齐；另一个角重复这个步骤。尽量让两个角相互对齐。

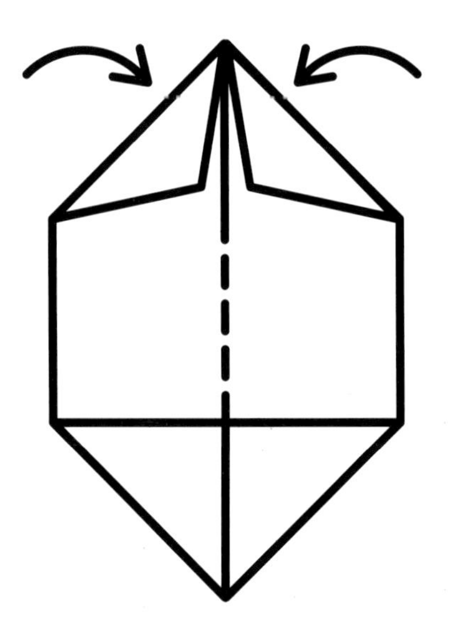

3 把纸上下掉转，将另一端的两个角同样折回来，这时的纸会被折成一个类似钻石的形状。把 4 个折好的角都压实。

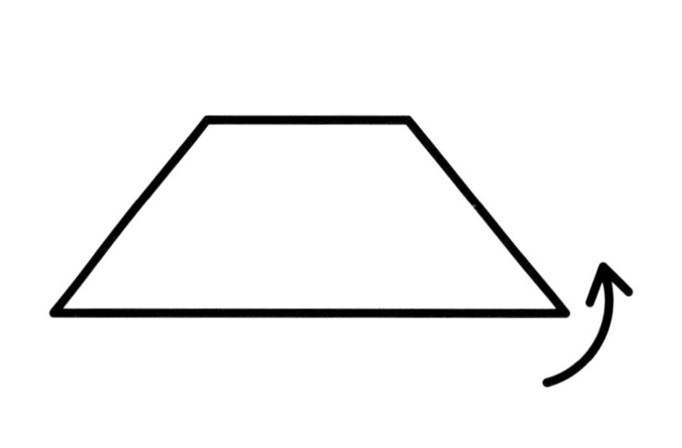

4 将纸转 90 度，沿第 1 步折出的中线再对折，折成一个梯形。

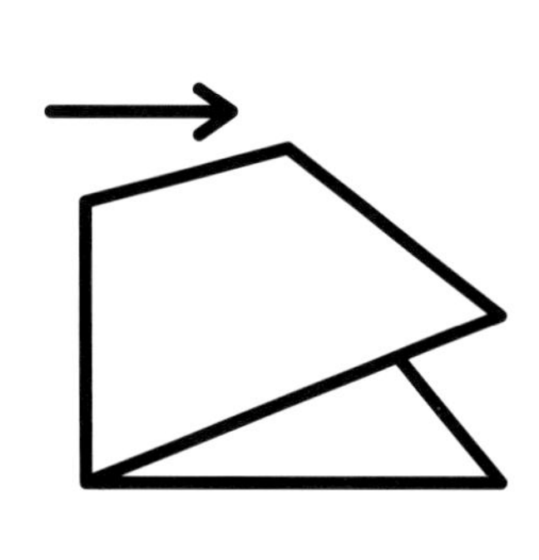

5 再把这个梯形左右对折并压实。

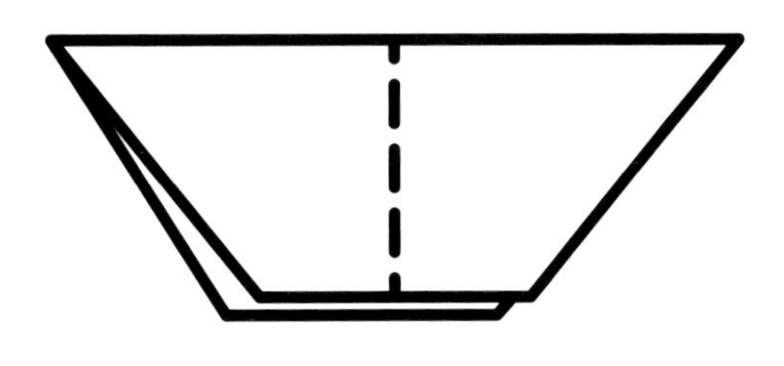

6 重新打开到梯形的形状再上下掉转，让梯形的短边在下，长边在上。

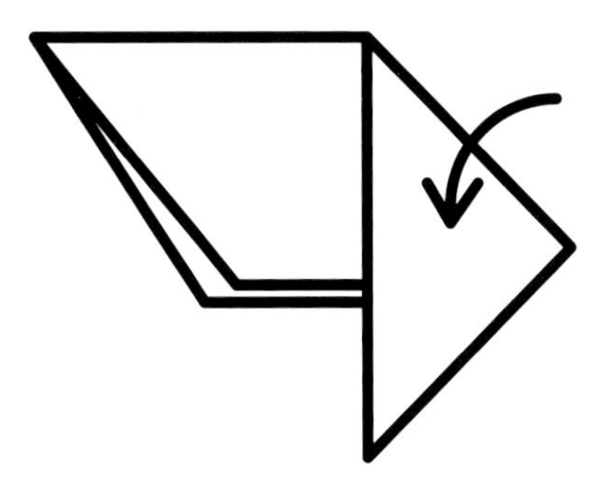

7 把梯形的右上角向内折，和中线对齐。

学无止境

只要把被撑开的纸沿着折线再塞回去，你就能重复不断地玩了。想要纸鞭炮发出更大的响声，不妨找张报纸折一个试试。报纸更薄，折线也更长，这会使进入纸里的空气更多、对纸的冲击力度也更大，因此报纸“鞭炮”并不耐玩。

注意：千万不能用纸鞭炮吓唬人！

科学原理是什么？

纸鞭炮的原理在于气压。当你迅速向下甩纸鞭炮时，空气被压入中间的折角中，使之迅速张开，并发出巨响。

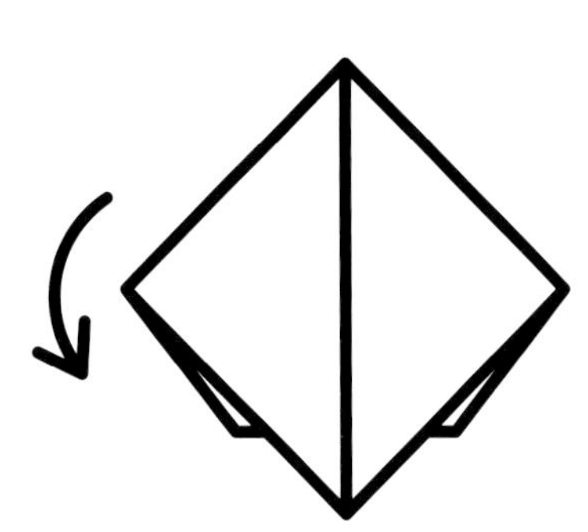

8 左上角也重复这个步骤，尽量对齐两个尖角，然后把所有的折叠处压平。

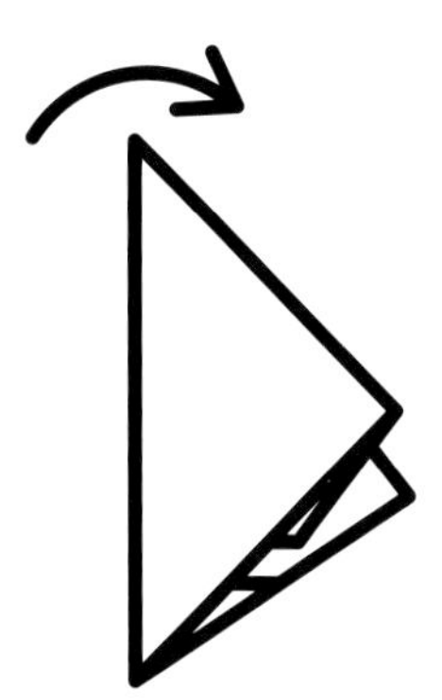

9 把这个正方形翻到背面，沿中线将它向右对折。紧紧抓住下面的两个尖角，但千万别捏住折叠处的中线。

10 纸鞭炮做好啦。捏紧尖角，让三角形的长边在后、直角在前，把纸举过头顶用力向下甩，空气进入纸中折叠起来的部分并在瞬间将纸全部撑开——啪！

机器人艺术家

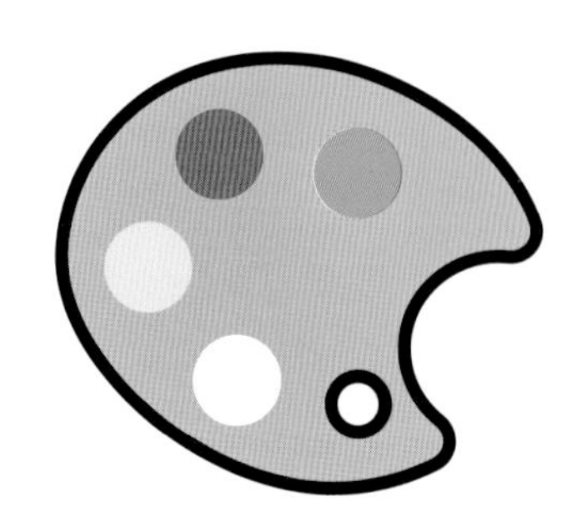

机器人怎么会画画呢？动手来实现这个构想吧！

实验必备

- 3 支水彩笔
- 橡皮筋
- 一张 A4 白纸
- 一块橡皮泥
- 一个小型赫宝（HEXBUG）振动机
- 毛毛棒（可选）
- 活动眼珠（可选）

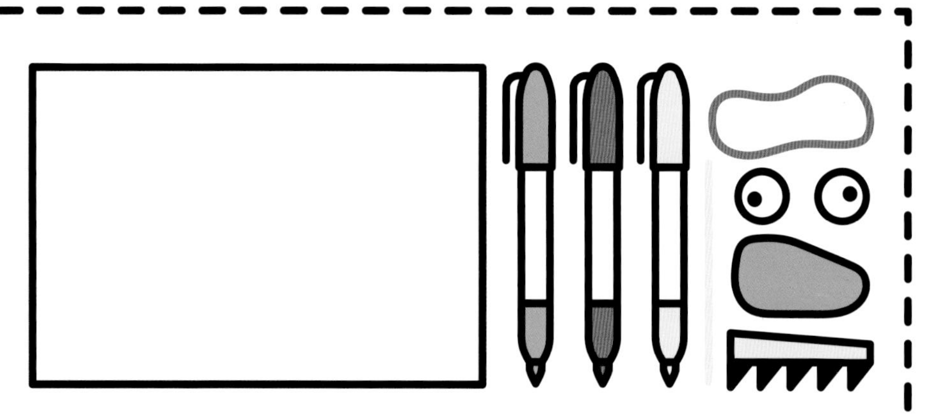

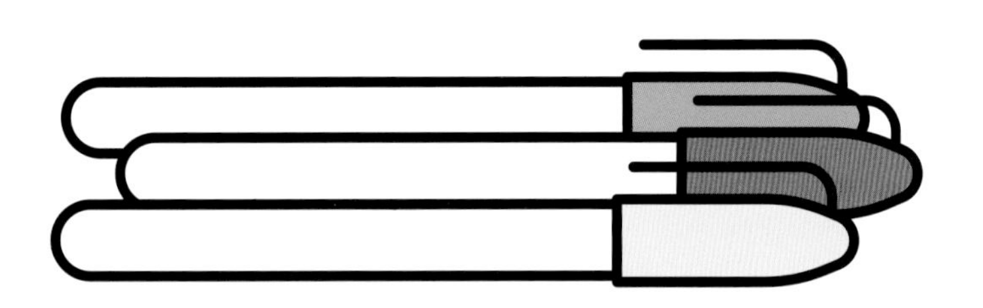

1 把 3 根彩笔垒在一起。

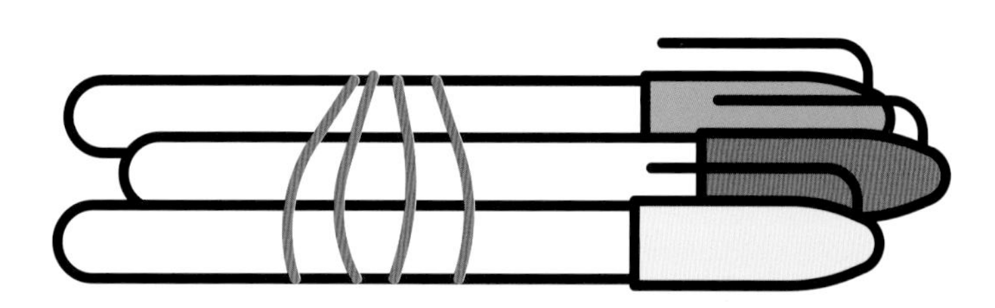

2 用橡皮筋将 3 根彩笔紧紧绑在一起。

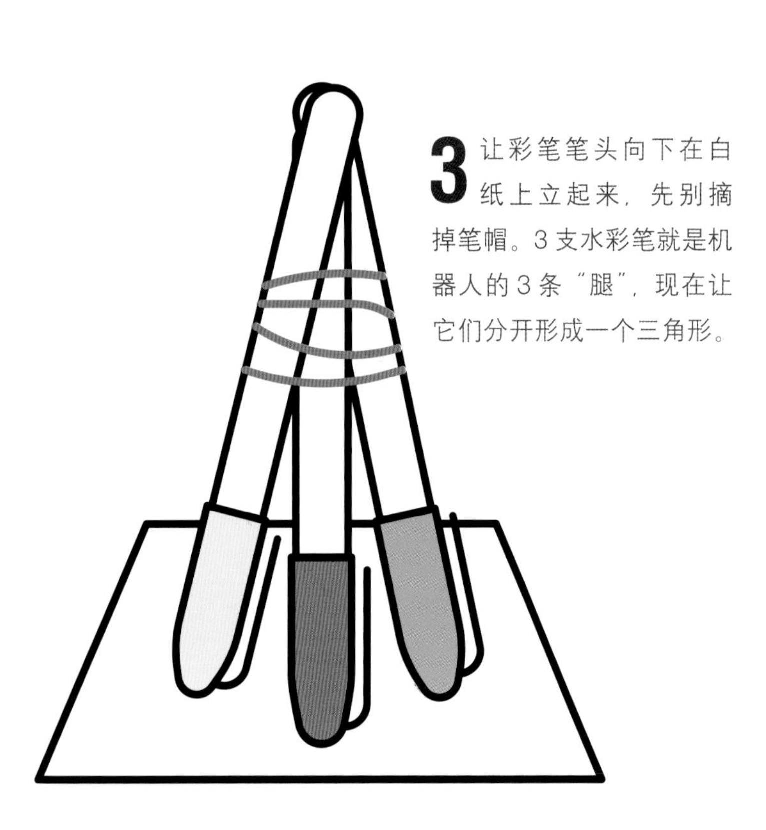

3 让彩笔笔头向下在白纸上立起来，先别摘掉笔帽。3 支水彩笔就是机器人的 3 条“腿”，现在让它们分开形成一个三角形。

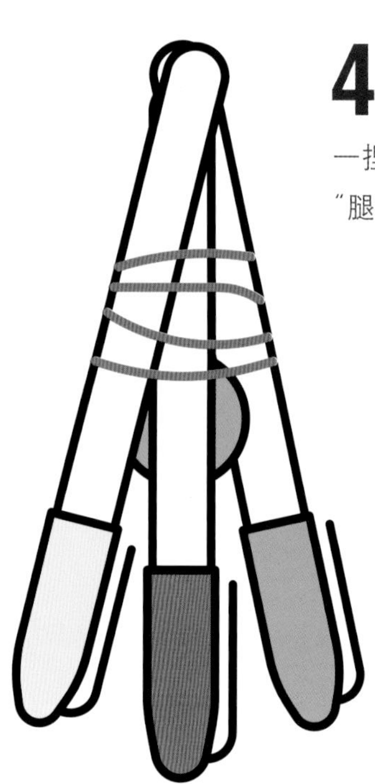

4 把橡皮泥塞到 3 条“腿”中间，再在外围好好捏一捏，机器人就会叉开 3 条“腿”稳稳站立了。

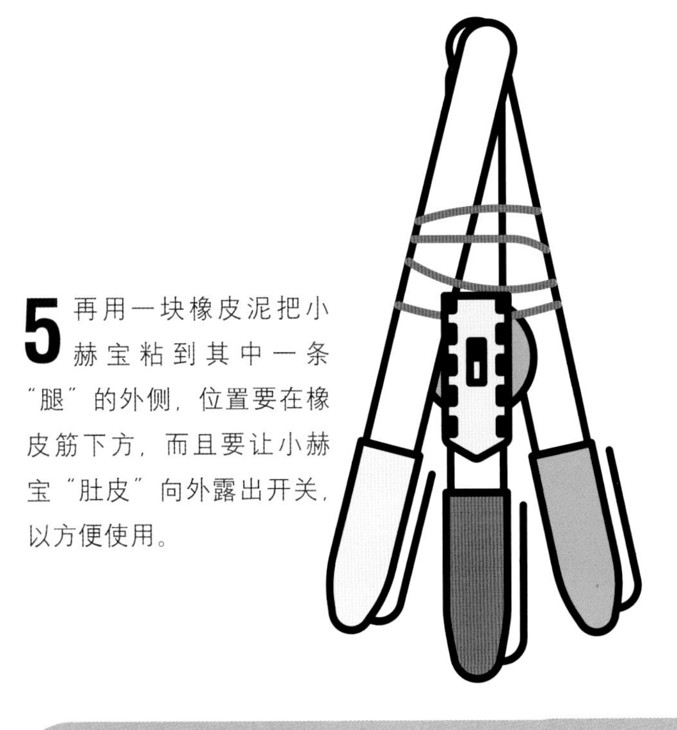

5 再用一块橡皮泥把小赫宝粘到其中一条“腿”的外侧，位置要在橡皮筋下方，而且要让小赫宝“肚皮”向外露出开关，以方便使用。

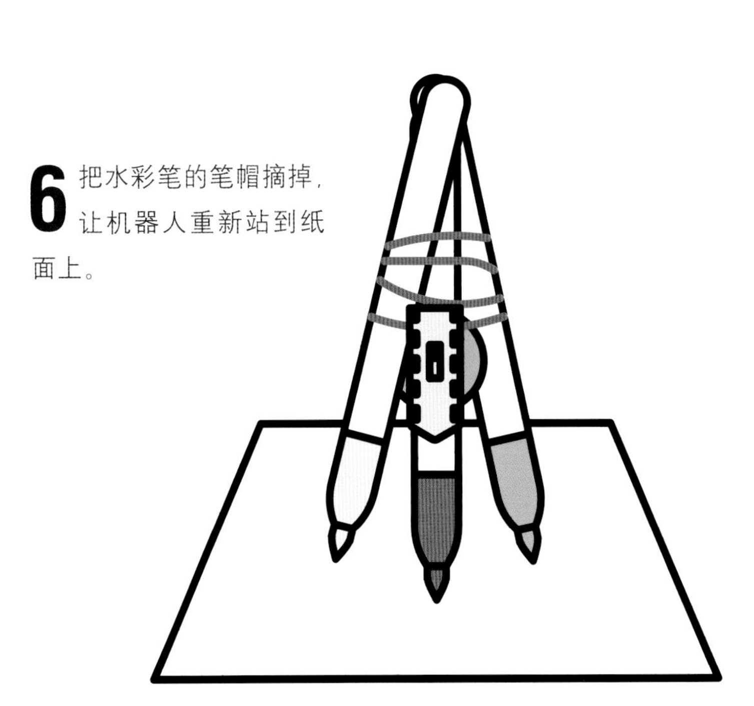

6 把水彩笔的笔帽摘掉，让机器人重新站到纸面上。

7 启动赫宝的开关，你的小小“艺术家”就会开始在平整的纸面上翩翩起舞、徐徐作画了。

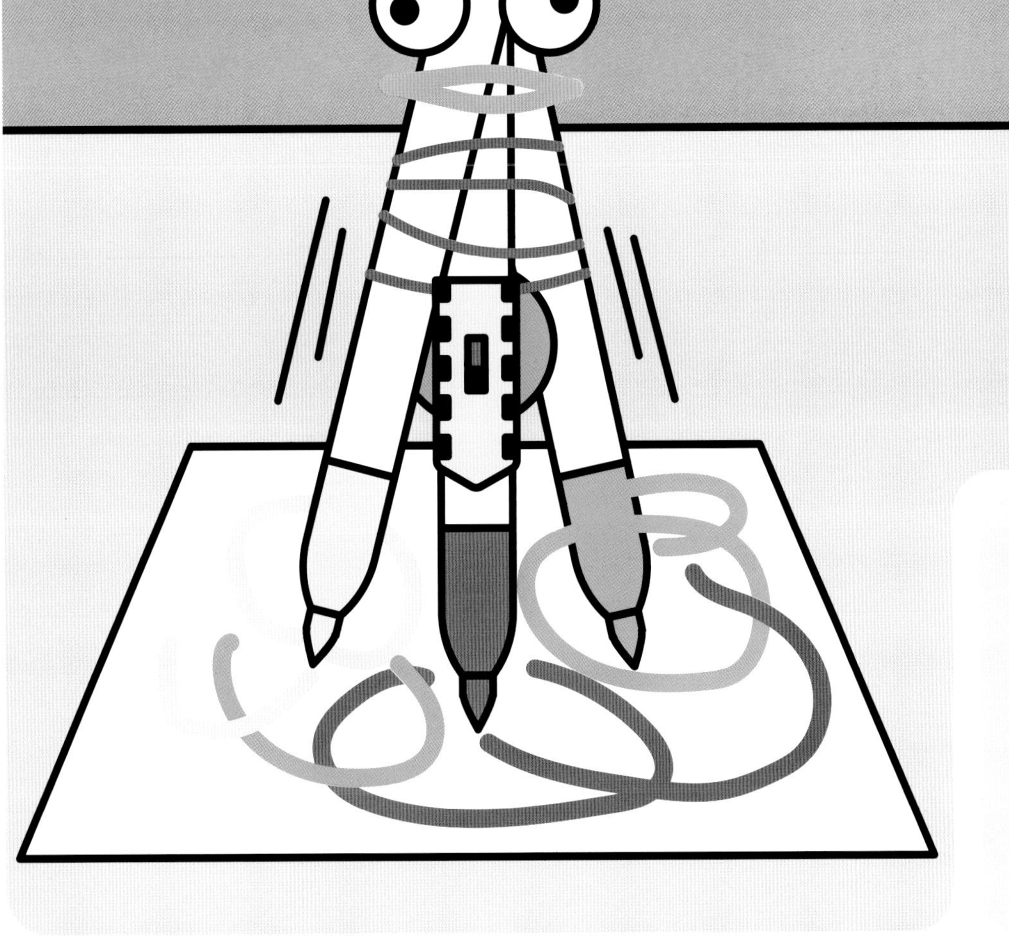

学无止境

不妨打扮打扮小机器人艺术家，可以在橡皮筋上方缠一些毛毛棒作为头发，再配上一对活动眼珠，一位活生生的艺术家就站在你眼前！

科学原理是什么？

赫宝振动机的身体里有个小马达，一旦启动，它就会飞快地振动起来，这种振动会通过橡皮泥传输到笔杆。形成三角形的3根笔会互相牵扯，因此这个机器人就只会画圈圈，而不太会走直线。

冲天火箭瓶

厨房的柜子里藏着火箭？快找出一些厨房用品，动动巧手组装一下，做个冲上云霄的火箭吧！

实验必备

- 一个 2 升的塑料瓶
- 一块边长不小于 30 厘米的正方形木板
- 一个大螺丝钉
- 螺丝刀
- 气泡酒的橡木瓶塞
- 纸胶带
- 美工刀
- 量勺
- 厨房量杯
- 小苏打
- 白醋
- 厨房纸巾
- 开阔的室外场所

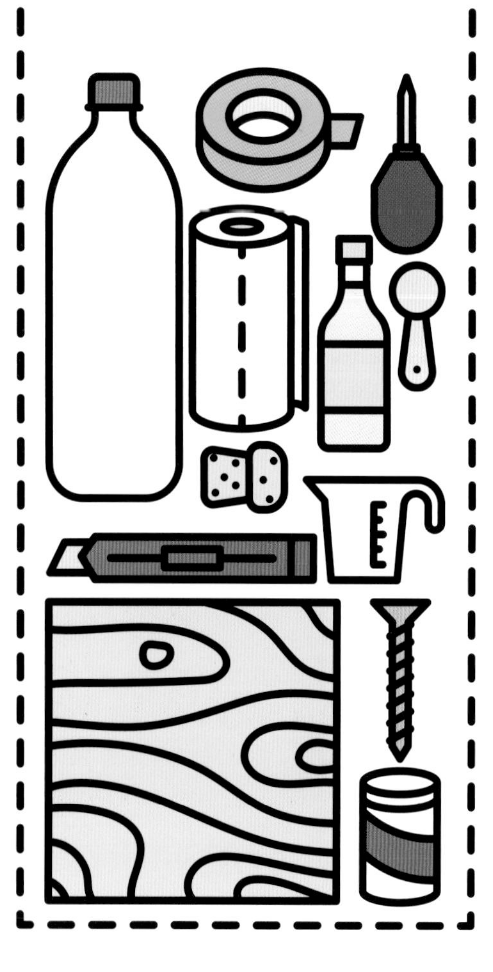

1 请大人帮忙把螺丝钉拧进木板中央。螺丝钉的尖头要穿过木板。

2 继续请大人帮忙把软木塞较宽的一头切掉，用剩下的木塞在塑料瓶口试一试，细的一头要能正好塞进瓶口。如果太松的话，可以在木塞外缠几圈胶带。

3 使瓶塞大头向下，把它拧到螺丝钉的尖头上去，一直拧到螺丝钉全部没入瓶塞。

4 用量杯量出 400 毫升水，倒入塑料瓶内。

5 量出 200 毫升白醋，也倒入塑料瓶内。

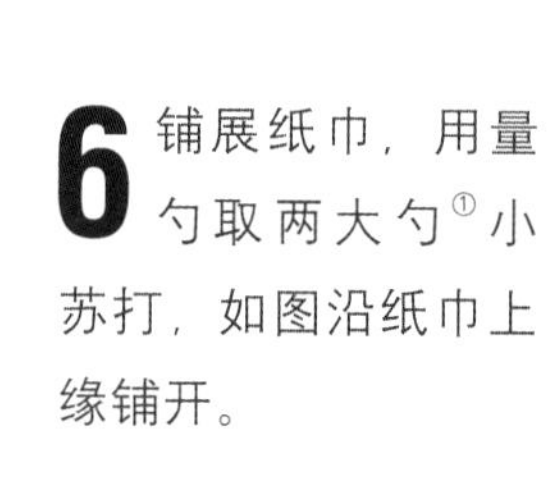

6 铺展纸巾，用量勺取两大勺[①]小苏打，如图沿纸巾上缘铺开。

① 1 大勺约为 15 毫升。

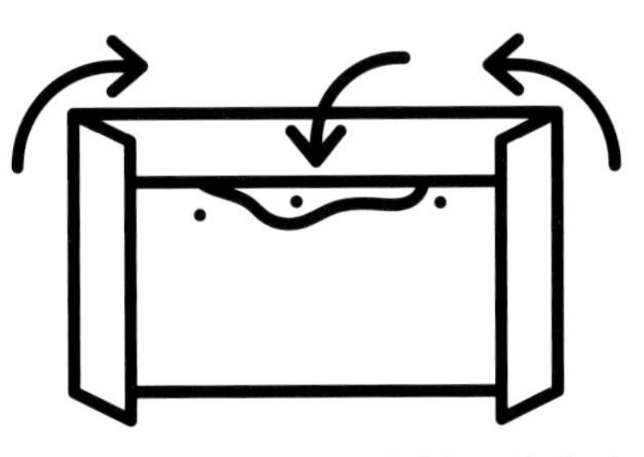

7 把纸巾上端向内折，盖住小苏打，然后把左右两侧也向内折。

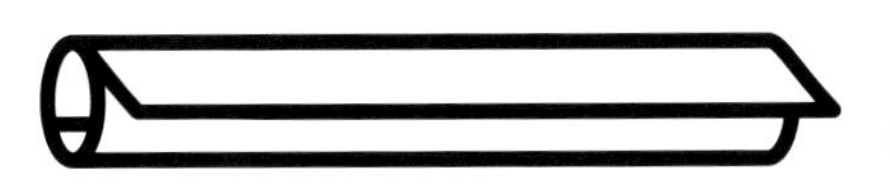

8 像卷饼一样，把纸巾从顶端到底部向内卷，卷成一个裹着小苏打的纸卷，粗细要能塞入塑料瓶内。

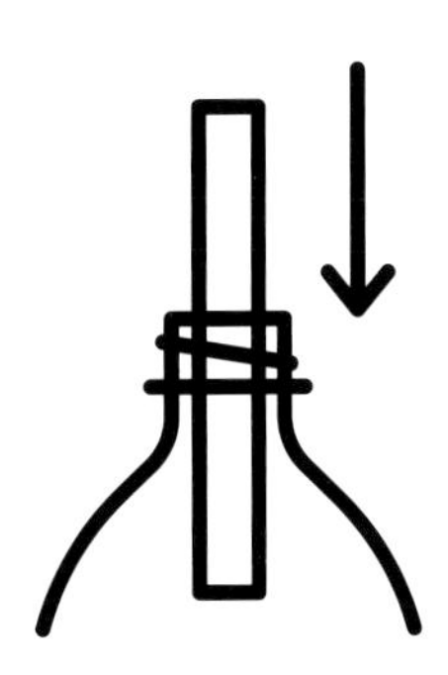

9 把装着白醋的瓶子、卷着小苏打的纸卷和钉着瓶塞的木板拿到室外。请大人把纸卷塞入瓶子里。

10 继续请大人把木板盖到瓶子上方，让瓶塞正好塞入瓶口。

11 把瓶子和木板一起快速翻转过来，瓶底向上。请大人把瓶子再向下压一压，让瓶塞紧紧地塞入瓶口。

12 向后退！耐心等待几秒钟，瓶子就会像火箭一样，“嘭”的一声冲天而去。

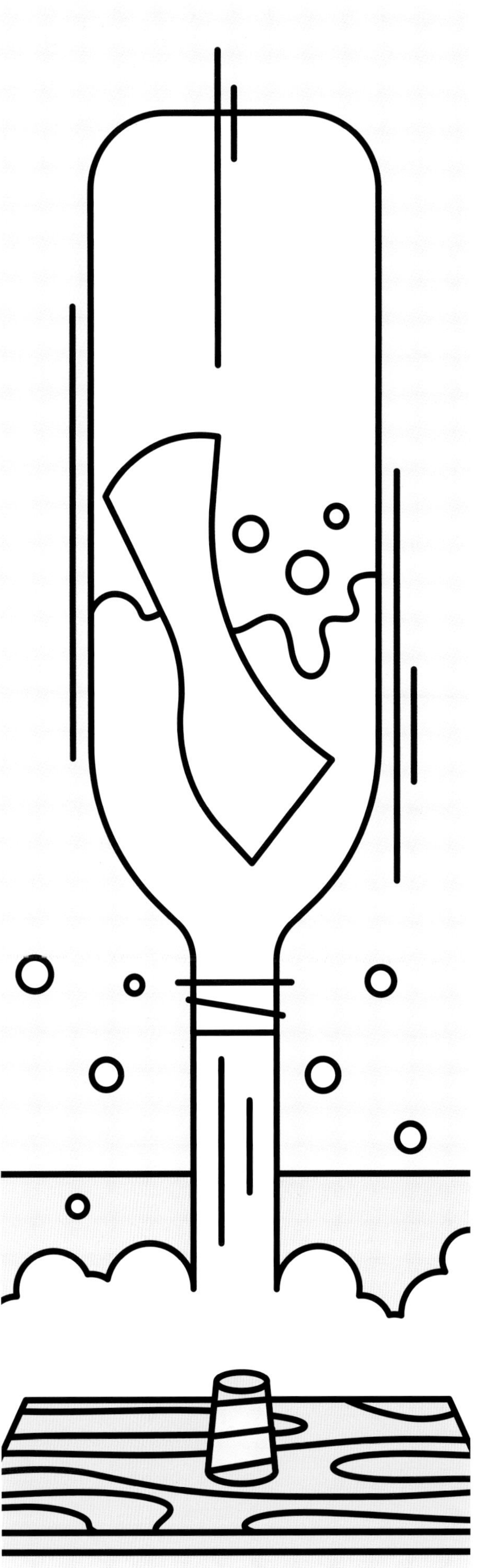

科学原理是什么？

小苏打和醋发生反应会产生二氧化碳。随着瓶中的二氧化碳越来越多，瓶中的气压也会越来越大。这个压力要把瓶塞推开、把瓶子里的水和白醋向下压出，由此产生的反作用力会把瓶子向上推。这也就是牛顿第三运动定律——相互作用的两个物体之间存在作用力和反作用力，它们大小相同，但方向相反。

弹珠闯迷宫

弹珠迷宫真是让人着迷，玩起来就放不下。今天这个简单的实验会教你亲自动手设计制作一个属于自己的弹珠迷宫！

实验必备

- 一个带盖的纸盒，比如鞋盒
- 美工刀
- 剪刀
- 直尺
- 笔
- 几张白纸
- 7 ~ 8 根吸管
- 热熔胶枪
- 玻璃弹珠
- 和玻璃弹珠一样大小的硬币
- 一块打包用的填充海绵

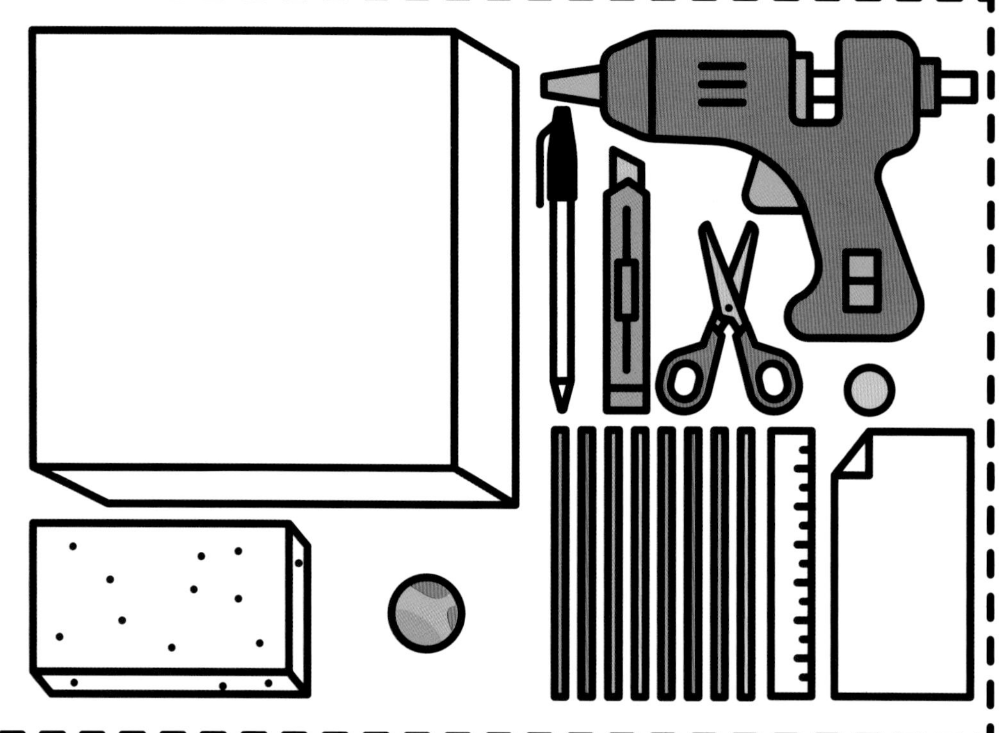

1 如果纸盒的盖子和纸盒连在一起，就请大人帮忙把盖子剪下来。如果纸盒本身没有盖子，就得再另找一块比盒子稍大一点的硬纸板。

2 把盖子的折边切掉，得到一块能平整扣在纸盒上的纸板。

3 继续把纸板的边缘修剪一下，让它能恰好嵌入纸盒里。但不能太松，所以不要一次修剪掉太多。每次修剪后都可以再试一试。

4 用直尺和笔在盒子底部的任一角落量出一个小小的正方形，只比玻璃弹珠大一点就好。这个正方形的地方之后会被剪成一个洞，以便玻璃弹珠完成迷宫后能从这里掉出来。

5 请大人帮忙裁掉这个正方形。

6 在填充海绵上量出并裁下 4 条相同的海绵条。它们会被用作迷宫的内壁支撑，所以需要比盒子的内壁稍低一点。

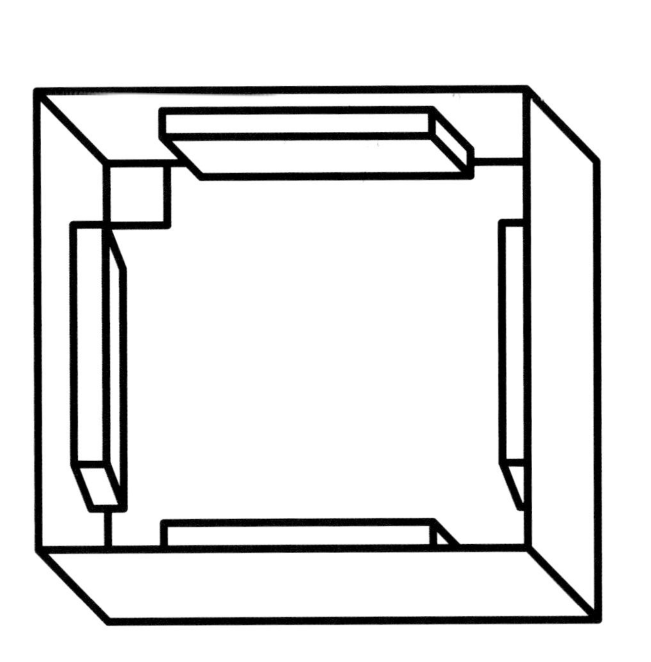

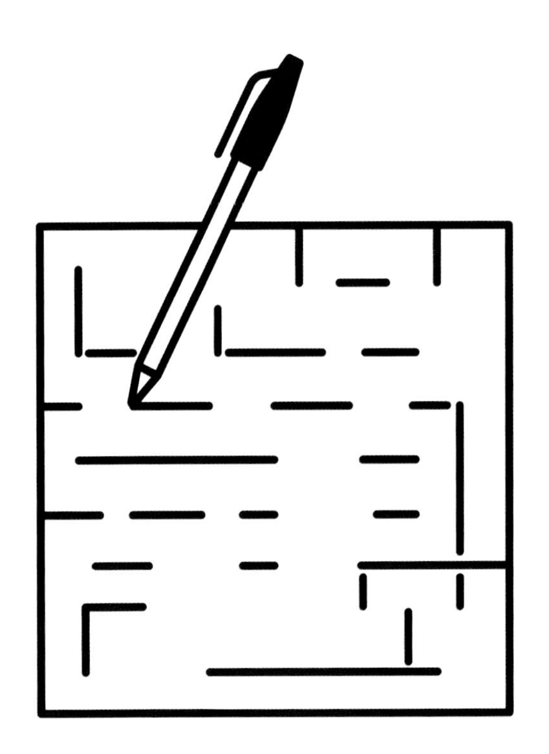

7 在填充海绵条的一侧和一边涂上胶，将其紧贴纸盒内壁中部粘好。在纸盒的其他 3 块内壁上重复这一步骤，各自粘牢一条填充海绵。

8 在白纸上勾画出迷宫的草图来。不要设计得太复杂，否则迷宫就太难走了。也一定要先试一试，不能让所有的路都是死胡同，从入口到出口至少得有一条路是畅通的。

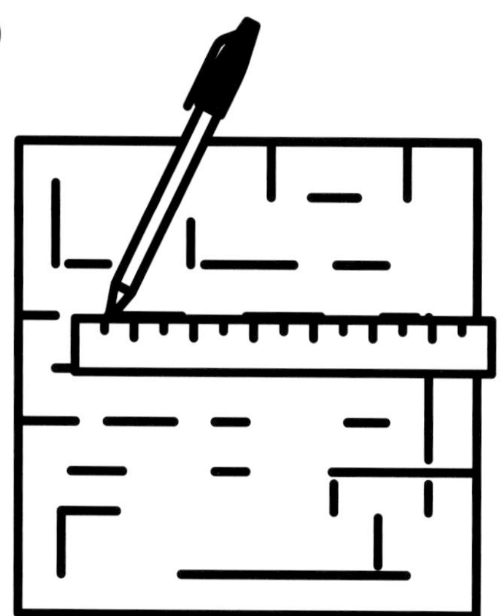

9 接下来，把你最满意的迷宫设计照搬到硬纸板盖子上。接着用直尺画出笔直的障碍墙，并在墙和墙之间留出足够宽的巷道以便玻璃弹珠能顺利通过。你可以用硬币来试试巷道的宽窄。

10 还可以在岔道上埋伏几个“陷阱”，让迷宫变得更难走。找几个合适的点，用硬币在巷道上画个圆并请大人帮忙裁出洞来，这样就做成了一个“陷阱”。

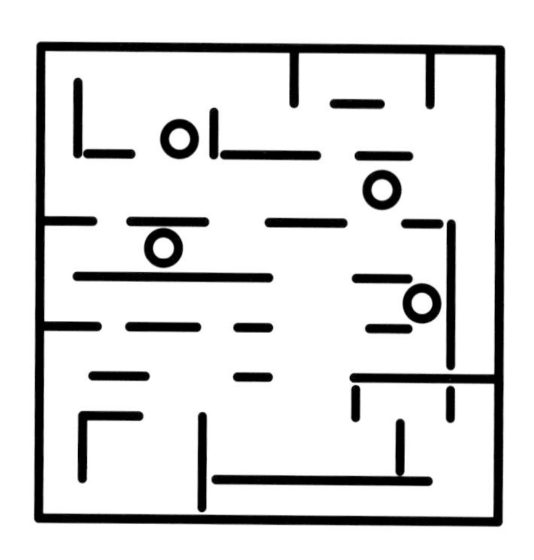

11 有了墙壁、有了巷道，还有了陷阱，迷宫就已基本完成，大致如图。

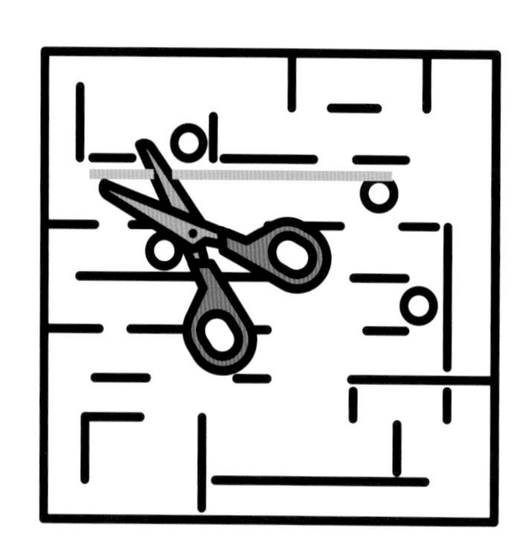

12 用剪刀把一根吸管剪出和迷宫里第一条直线差不多长的一截，如图。

13 继续把吸管对照着障碍墙的长度一截一截地剪下来，再用胶水粘到对应的直线上去，做成立体的“墙壁”。

科学原理是什么？

今天这个实验主要用到了工程学中“六大简单机械”里的一个：斜坡（有时也叫作斜面）。利用斜坡可以让重物从一个地方到另一个地方的移动更加容易。迷宫平放时玻璃弹珠不会滚动；可一旦把迷宫的一侧倾斜（抬起或降低）做成斜坡，弹珠就会向着低处滚动。控制弹珠的滚动并引导它走出死胡同、绕开陷阱、成功走出迷宫，其实就是你不断调整迷宫斜坡的坡度和方向的过程。

14 在主巷道的开始和结尾处用笔标出“起点”和“终点”的字样。

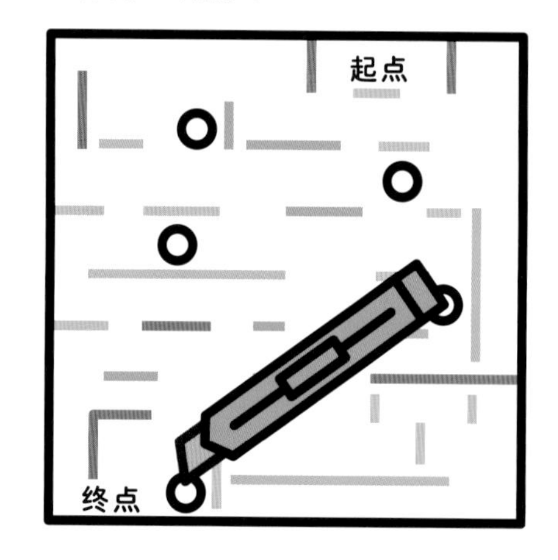

15 在终点旁边再挖出一个洞，好让完成迷宫的弹珠从这里掉入盒中，再从第 5 步剪开的小方洞里掉出来。

16 轻轻托着迷宫墙放进盒子里，向下按一按，直到它被稳稳支撑在第6和第7步里纸盒内壁边缘黏着的填充海绵条上。

17 在起点处放一颗玻璃弹珠，托着迷宫随时调整其坡面的倾斜角度，让弹珠滚动起来，看看要多长时间才能走出迷宫。一定要注意那些“陷阱”哦！

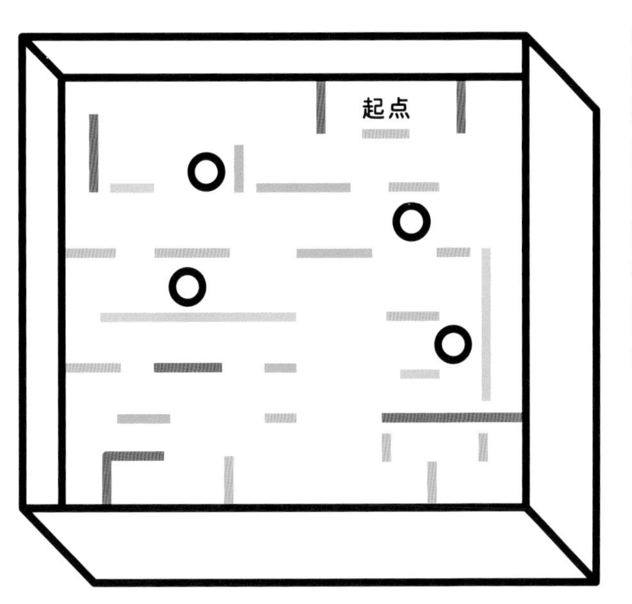

学无止境

想让迷宫更难走一点？很简单，请大人帮忙在迷宫巷道里多埋伏几个“陷阱”就好了！

18 走完迷宫后，让玻璃弹珠通过终点的洞和纸盒底部的小方孔掉出来，就可以再玩一轮了！

超音速吸管

快快动起手，把一根不起眼的吸管变成一枚速度奇快、方向极准的火箭吧！

实验必备

- 橡皮泥
- 大号吸管
- 两脚钉
- 纸胶带
- 硬卡纸
- 笔
- 直尺
- 剪刀
- 两根橡皮筋
- 手工木棒

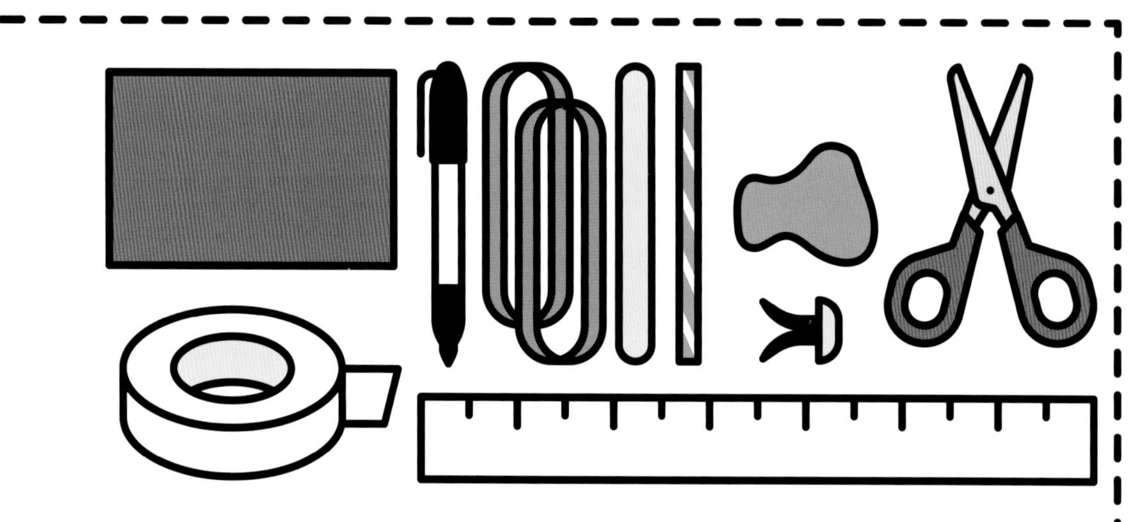

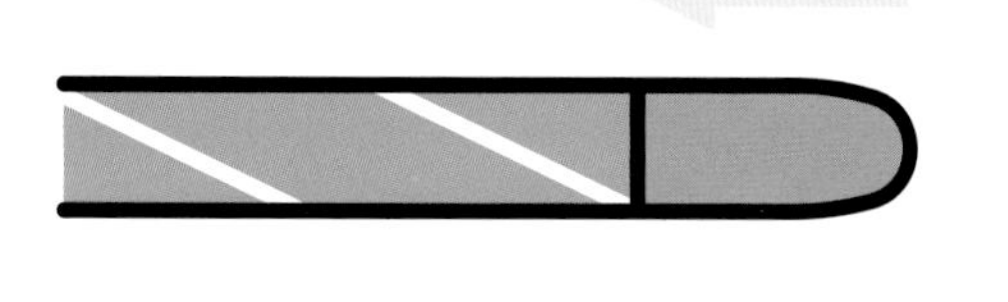

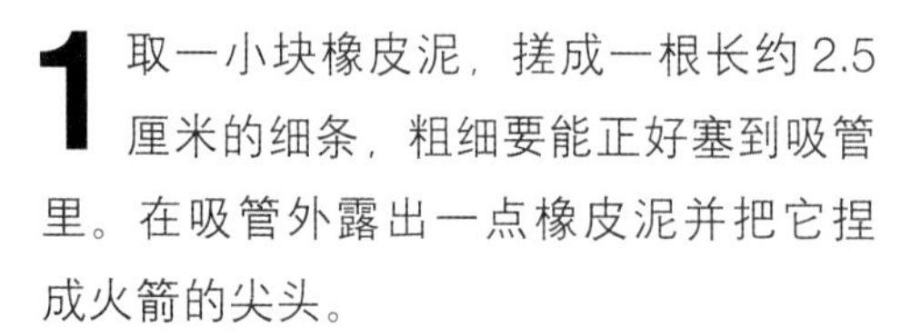

1 取一小块橡皮泥，搓成一根长约 2.5 厘米的细条，粗细要能正好塞到吸管里。在吸管外露出一点橡皮泥并把它捏成火箭的尖头。

2 把两脚钉的钉帽稍稍掰一下，使之和钉子形成一个斜角。

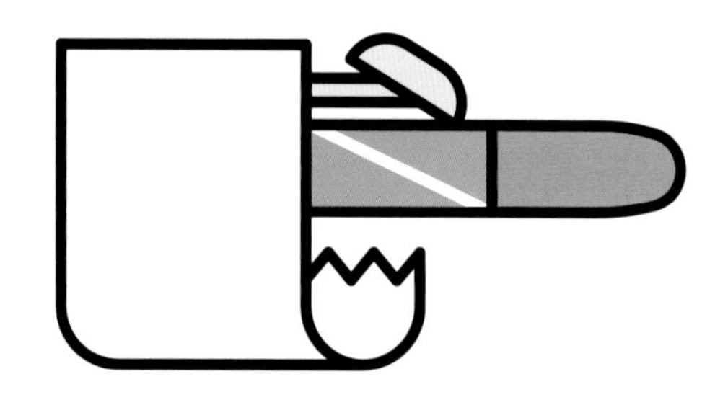

3 把两脚钉和吸管并排摆放，撕一块纸胶带把它们粘到一起，再用一块胶带加固一下。

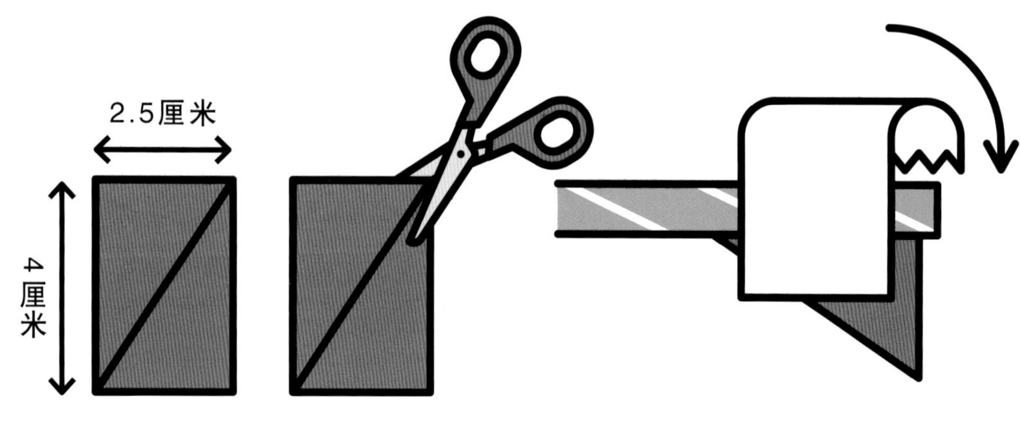

4 在卡纸上量好并裁出两块长 4 厘米、宽 2.5 厘米的长方形，分别画出一条对角线，再把这两块长方形沿对角线剪成 4 个直角三角形。

5 把三角形较长的直角边粘到吸管的另一头，使之变成火箭的尾翼，并在其两侧用纸胶带固定。

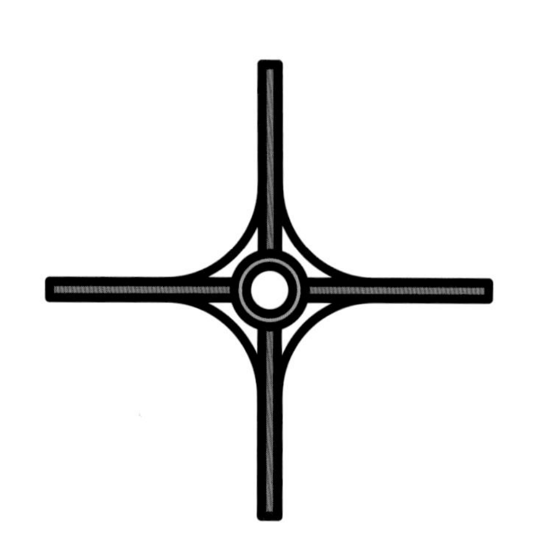

6 重复第 5 步，把其他 3 块三角形尾翼也粘上去，使 4 块尾翼呈十字交叉形状。

现实世界

截至本书成书为止，现代火箭的形状较人类发射的第一个火箭并无大的改动。这是因为火箭的形状和其尾翼都能有效帮助火箭以直线发射、飞行。

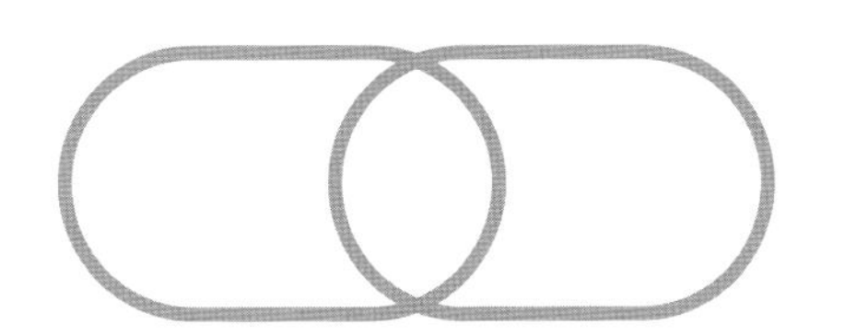

7 把橡皮筋串在一起。

8 拉紧，使之成为一条长长的皮筋。

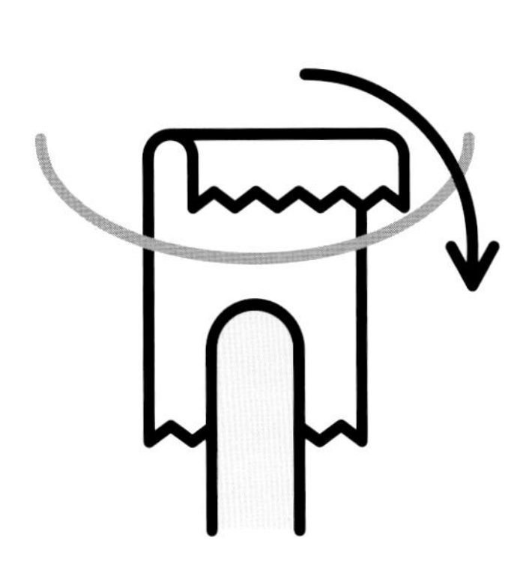

9 撕一块纸胶带，把手工木棒的一头放上去，再把皮筋的一头也放上去。

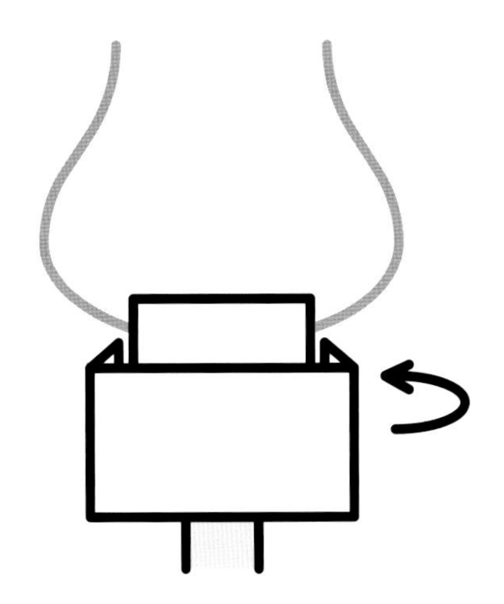

10 胶带向下折回来粘好，把手工木棒和皮筋牢牢绑到一起。如有必要，可以再加一块胶带加固。

科学原理是什么？

在火箭头上那一点点橡皮泥的重量至关重要，而且捏成尖头形状也会让火箭更符合空气动力学原理，并会因此飞得更快。加尾翼则能防止火箭抖动，让它飞得更稳、更远。被向后拉长的橡皮筋上聚集了足够的势能，这部分能量会在你放手的刹那转化成火箭的动能，让其成功“发射”。

11 一只手举起手工木棒，另一只手拿着吸管，把皮筋套到两脚钉上。慢慢向后拉小火箭，固定后再猛一放手，火箭就嗖地飞出去了。注意要在放手的刹那放低另一只手里的手工木棒，不要让它阻挡火箭的飞行。

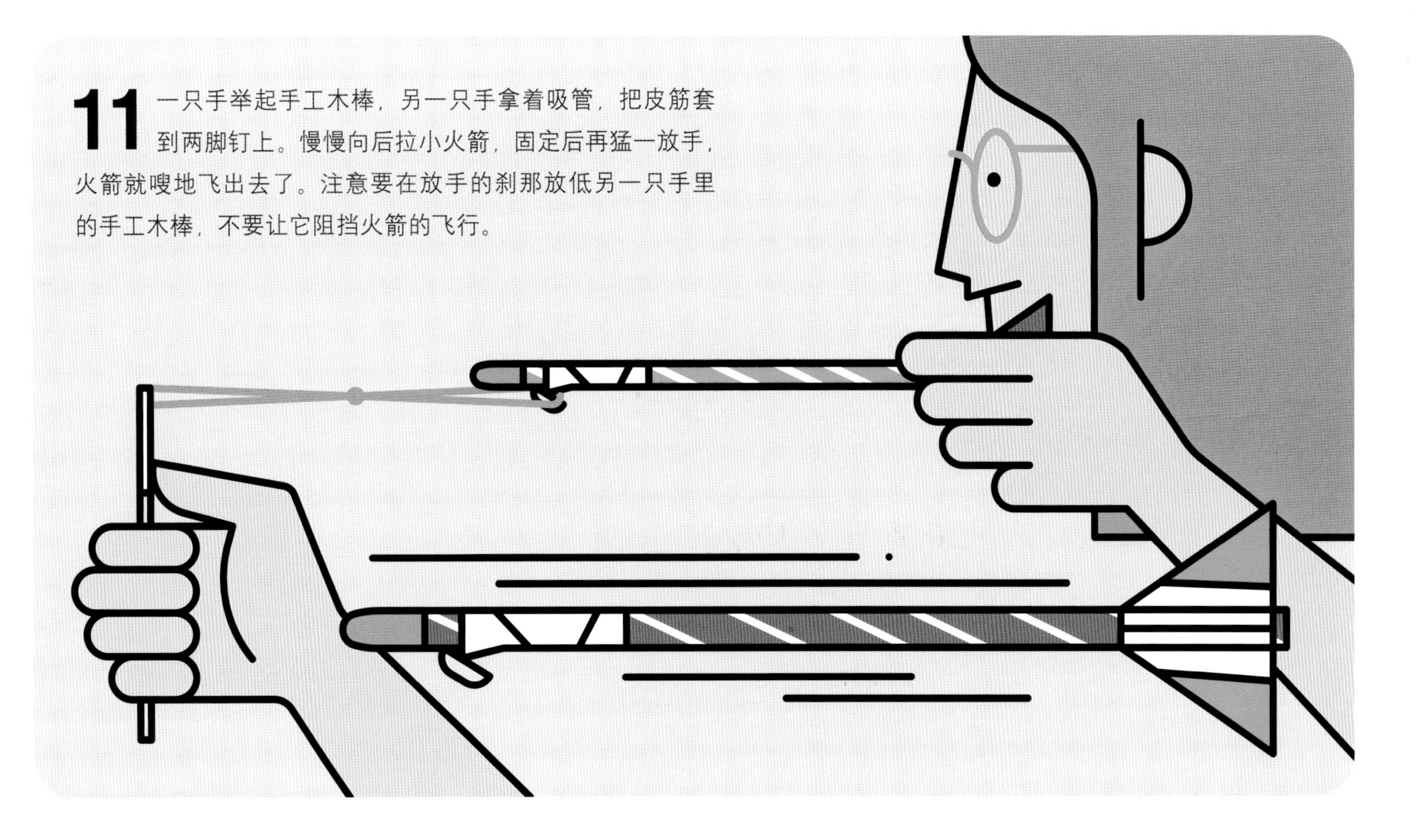

机器人舞蹈家

掌握磁力的奥秘，动手做一个爱跳舞的机器人吧！等它无须指挥就能在桌上翩翩起舞时，你的小伙伴一定会目瞪口呆！

实验必备

- 至少 3 块相同的环形磁铁
- 比磁铁稍大一点的塑料瓶盖
- 螺丝刀
- 热熔胶枪
- 一块橡皮泥
- 一张 A4 白纸
- 剪刀
- 记号笔或彩色贴纸
- 木扦
- 直尺

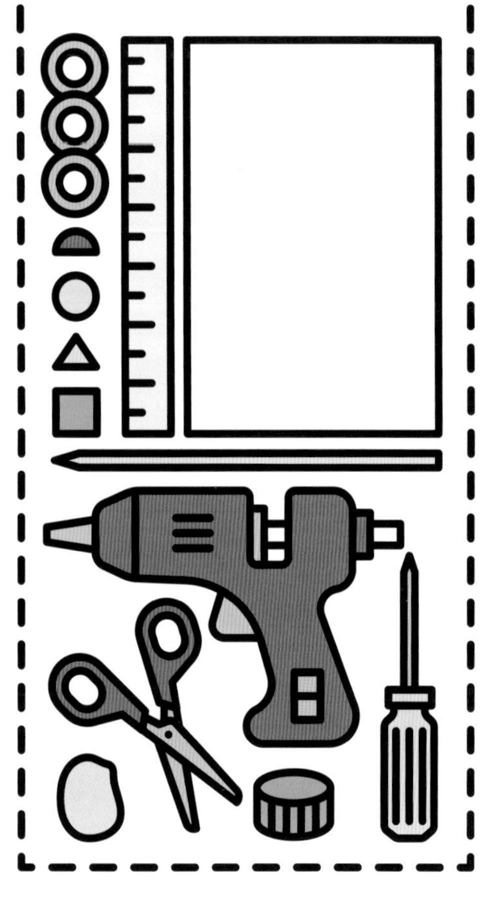

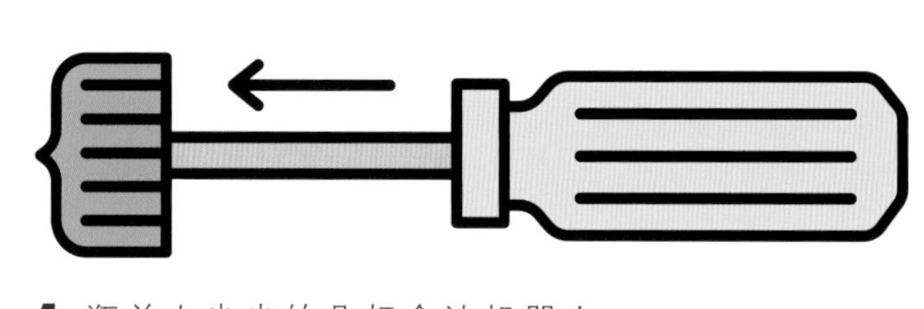

1 瓶盖上尖尖的凸起会让机器人的旋转舞蹈更加流畅。如果瓶盖本身没有凸起，可以用螺丝刀在瓶盖内侧转一转，顶出凸起。

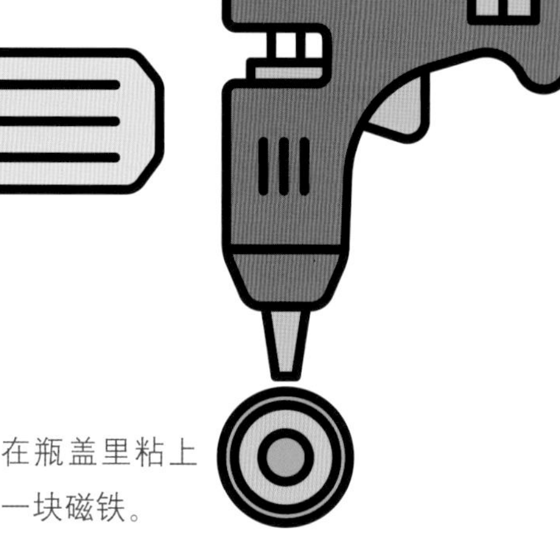

2 在瓶盖里粘上一块磁铁。

3 把橡皮泥压到这块磁铁的正中央。

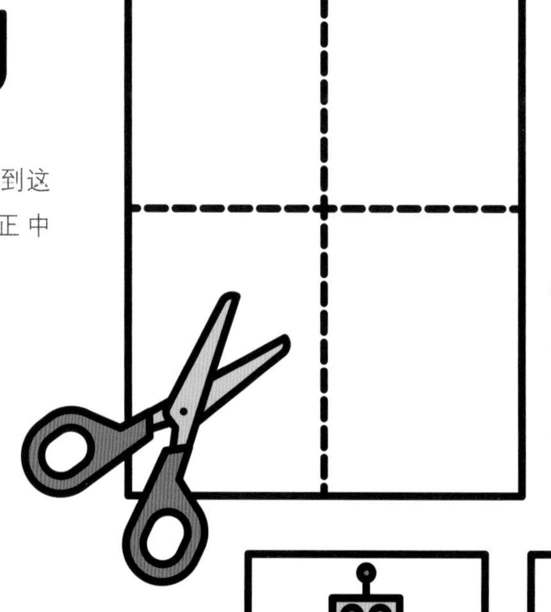

4 将白纸对折两下，折出 4 个相同的长方形，把它们裁剪下来。我们之后会用到其中的两块长方形纸片。

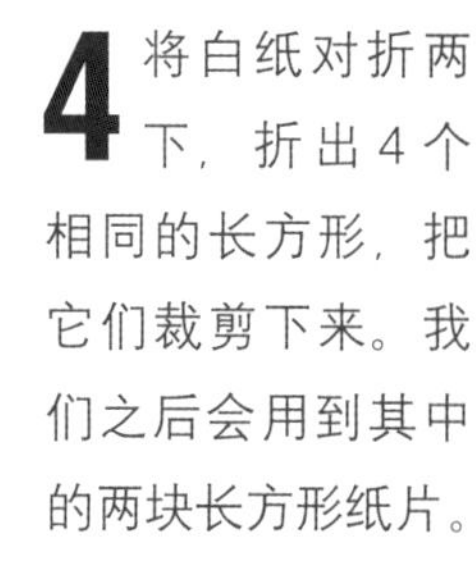

5 用笔在其中一块纸片上画一个可爱的机器人，或用不同形状的贴纸贴一个。在另一张纸片上也画一个。

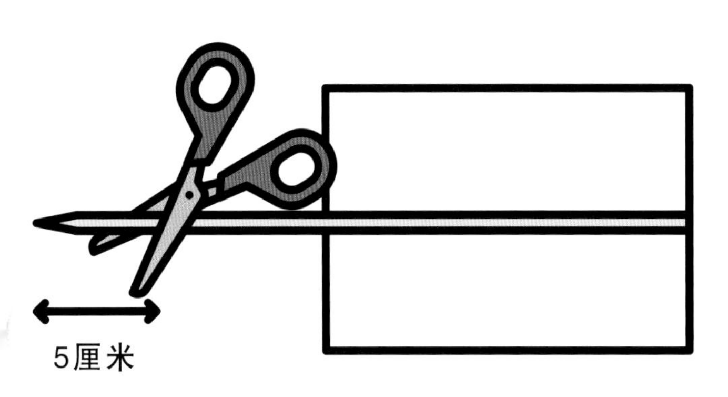

6 在距离木扦尖头约5厘米处剪开，然后把较长的一段木扦放在一张机器人纸片背面的正中央，末端和机器人头部一侧的纸边齐平。

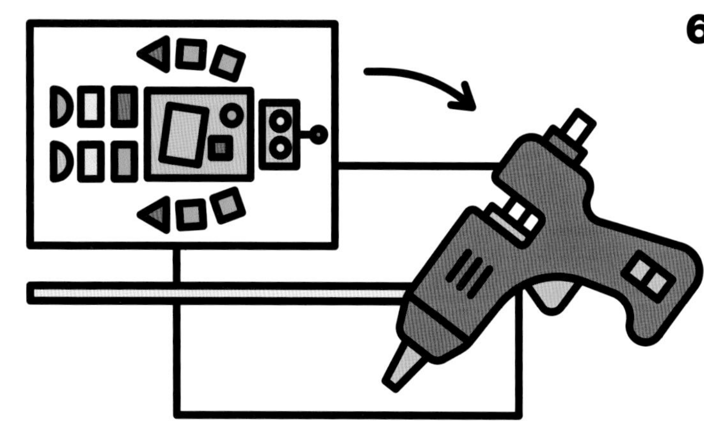

7 用胶水把木扦粘在纸上，再给纸面其他区域涂上胶，并将另一张机器人纸片背对背粘贴上去，这样就得到了双面机器人。

8 把木扦插入橡皮泥。

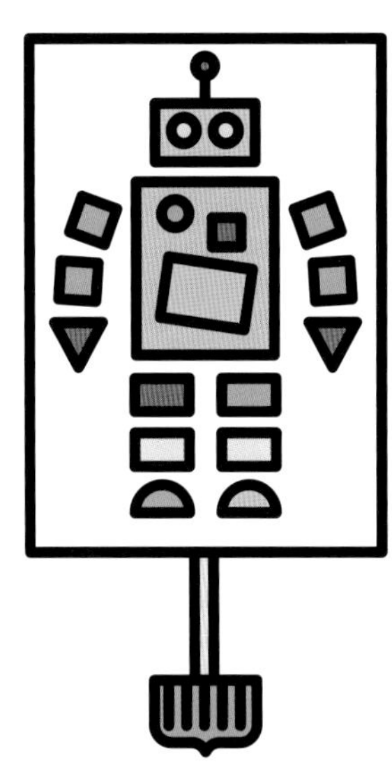

9 把另外两块磁铁一上一下夹到直尺上。

10 如图，慢慢把直尺上的磁铁向小机器人靠近，近到一定距离，你就会看到小机器人开始旋转着跳起舞来。如果机器人受到吸力主动靠近直尺，只需把直尺翻个面再重新试试即可。

学无止境

留着瓶盖、磁铁和橡皮泥，把纸上的造型换一换，你就可以做出各种不同的“舞蹈家”来。

科学原理是什么？

每块磁铁都有两极——南极和北极。一块磁铁的北极会吸引另一块磁铁的南极，但如果都是北极则会相互排斥。当直尺上的磁铁不断靠近瓶盖里的磁铁时，它们的磁场就会开始相互作用。由于相互排斥，想要跑开的小磁铁会带动瓶盖，小机器人就会旋转着跳起舞来。随着直尺顶端的磁铁不断和瓶盖里的磁铁互相作用，小机器人会躲躲闪闪、转个不停。

潜水瓶

神出鬼没、随意沉浮，潜水艇就是这么酷！快来自己动手做一艘吧！

实验必备

- 一个容量为 2 升的空塑料瓶
- 防水胶带
- 重物——比如爸爸的旧扳手
- 美工刀
- 锥子或任何可以钻洞的尖锐物体
- 剪刀
- 塑料软管

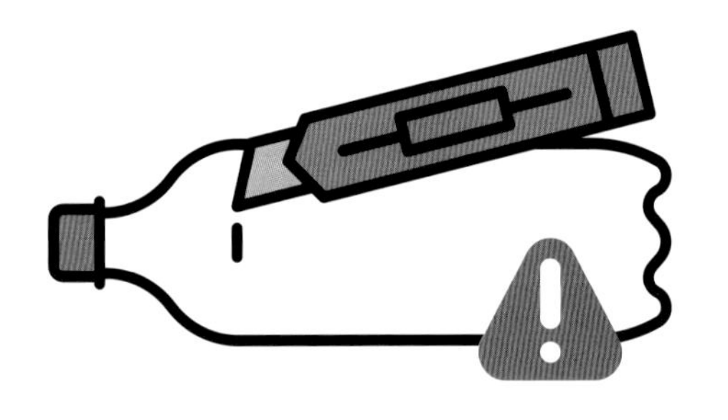

1 首先请大人帮忙，用美工刀在塑料瓶的瓶身上扎一个小口。

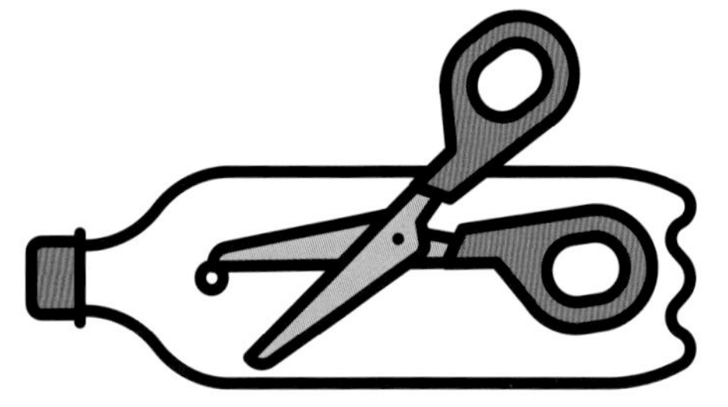

2 再用剪刀把这个小口扩大成一个硬币大小的洞。

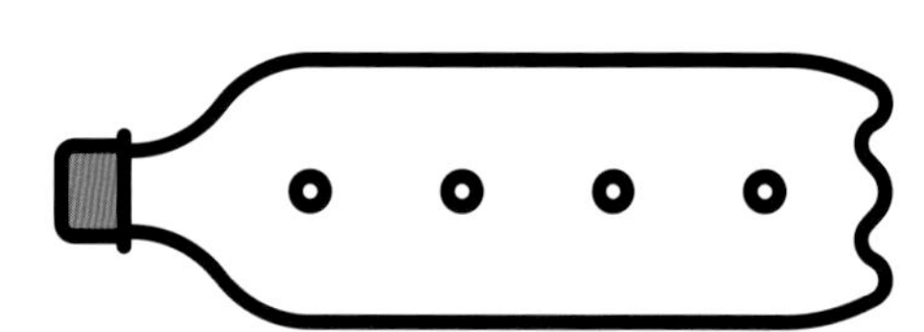

3 继续按照第 1、2 步顺着瓶身再扎出 3 个洞，保证 4 个洞能连成一条垂直于瓶底的直线。

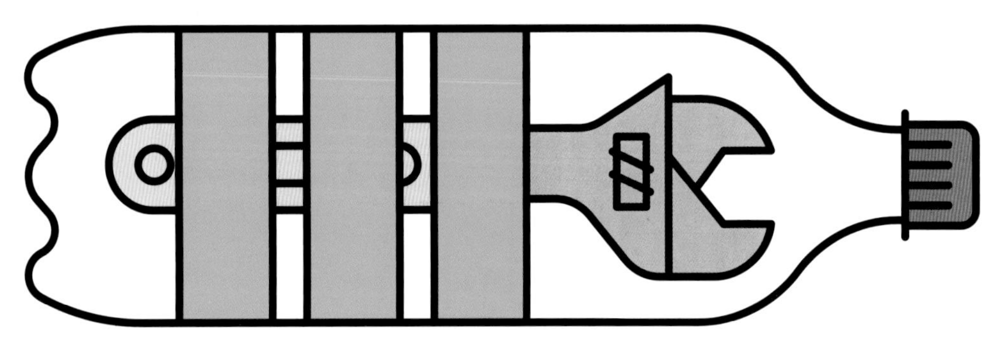

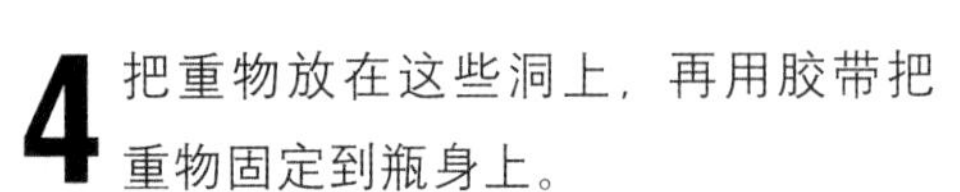

4 把重物放在这些洞上，再用胶带把重物固定到瓶身上。

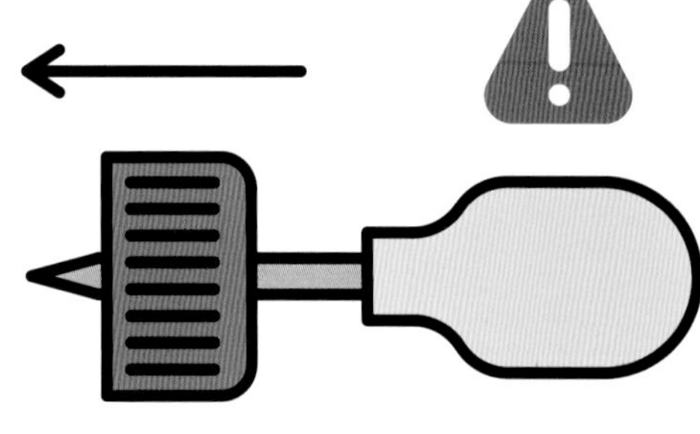

5 拧下瓶盖，在上面扎一个小洞，让下一步会用到的塑料管恰好可以穿过。塑料管穿过时太松或太紧都不行，太紧会让塑料管穿不进去，太松则要用胶补一补多出的缝隙。

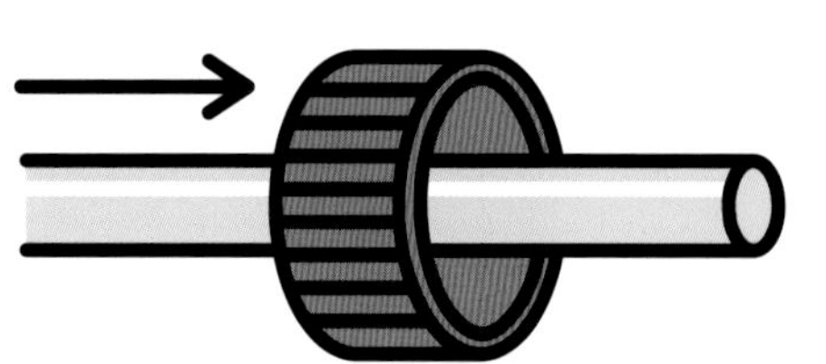

6 把塑料管的一头通过瓶盖的洞由外向内穿入，露出约 2.5 厘米即可。

7 把瓶盖重新拧回去。把瓶子扔进装满水的澡盆里翻转几次，水会从瓶身上的洞里灌进去，灌满时瓶子就会沉到水底。

8 对着塑料管的另一头使劲向瓶里吹气，你会看到瓶子开始慢慢浮起来，最后会一直浮到水面上。

9 想要“潜水艇”再次下沉怎么办？很简单，从塑料管往外吸气就好了。可得小心一点，千万别把澡盆的水也吸到嘴里去！吸气到一定程度后，你会发现，“潜水艇”又慢慢沉下去了。

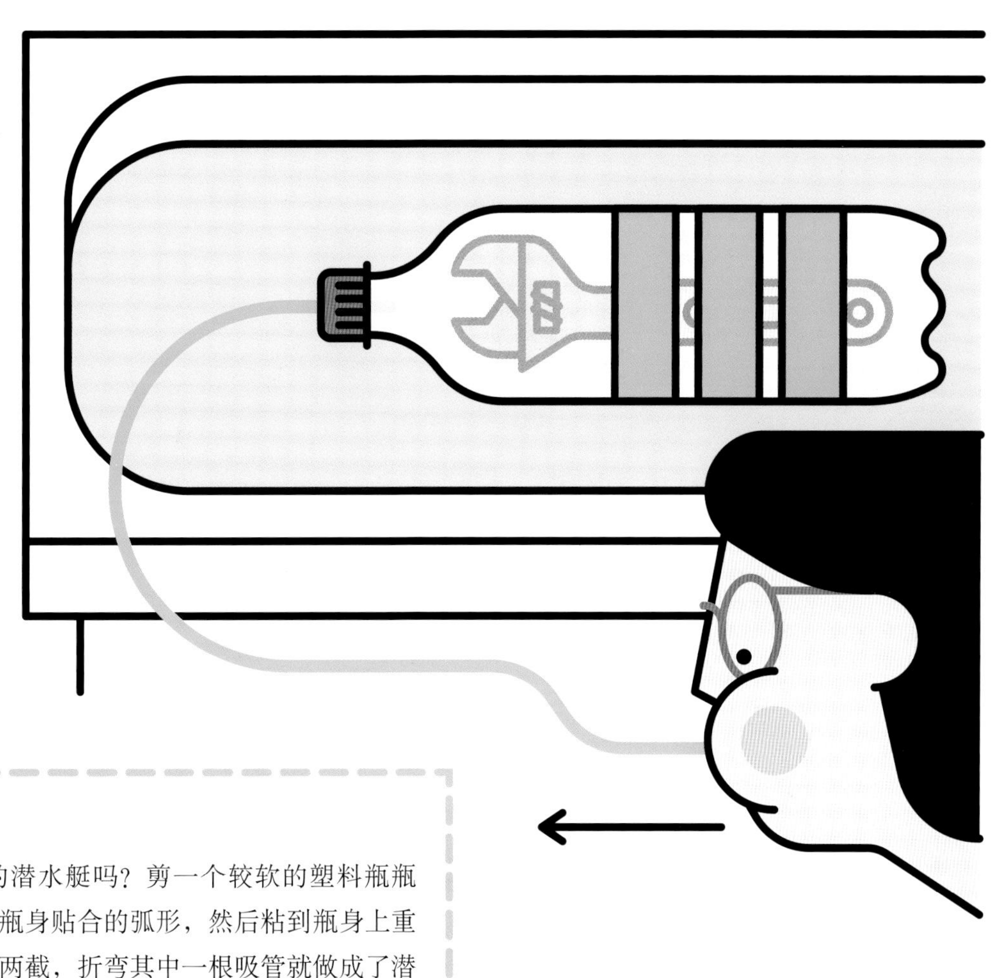

学无止境

想让潜水瓶看上去更像真的潜水艇吗？剪一个较软的塑料瓶瓶底，并把其边缘修剪成与潜水瓶瓶身贴合的弧形，然后粘到瓶身上重物的对侧；再把吸管剪成短短的两截，折弯其中一根吸管就做成了潜望镜，最后把它们粘到塑料瓶底上即可。

科学原理是什么？

原理很简单——浮力。瓶子里面的空气被水排出后，瓶子就会下沉；但如果你再把空气吹进去，瓶中的水就会被挤出去，“潜水艇”就会上浮；而当你把空气吸出瓶子，让水重新灌入，“潜水艇”就会再次沉下去了。

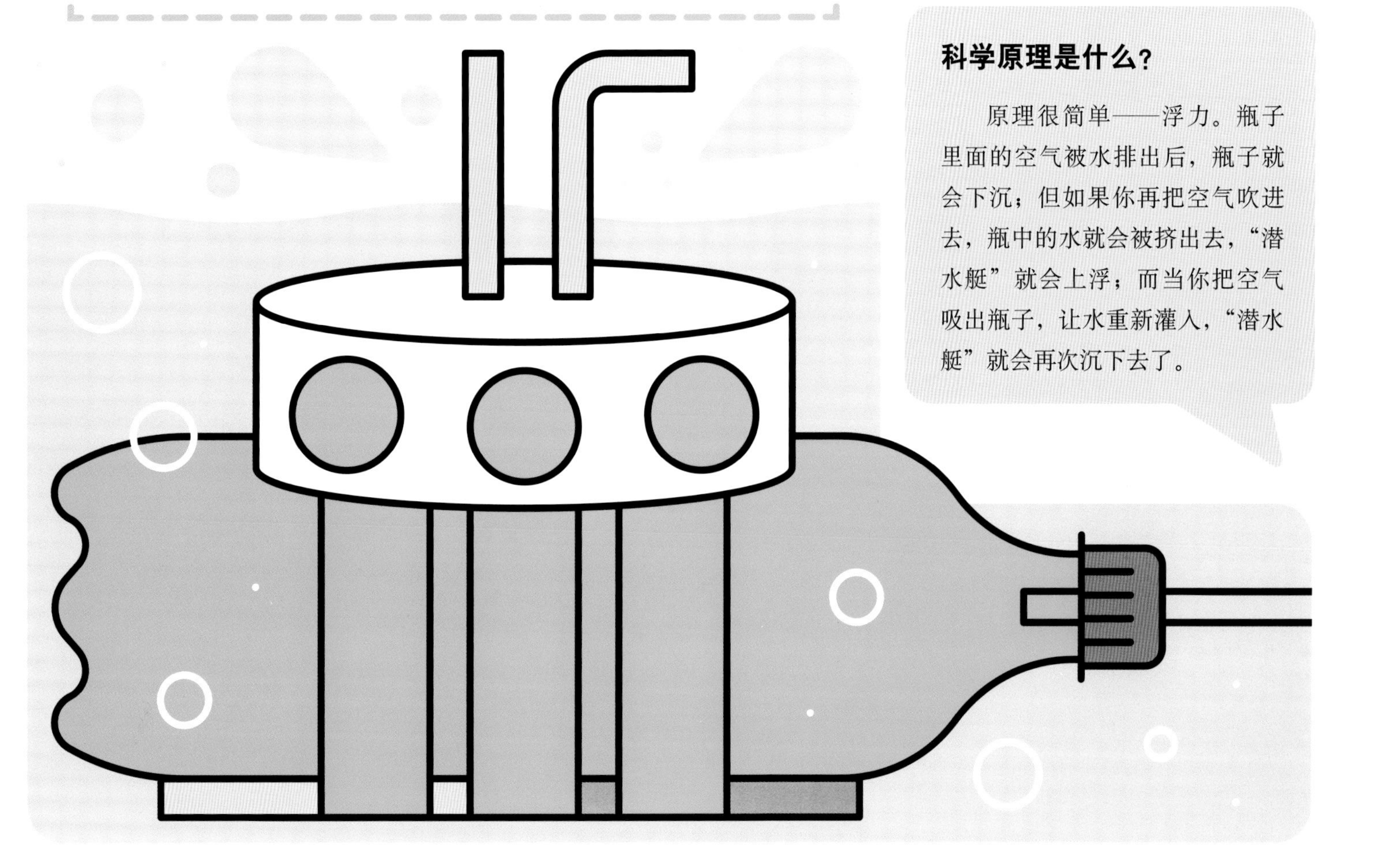

悬空拱门

不用一点砂石泥浆作黏合剂，古代的科学家就可以将石块牢牢砌在一起，做成马路边或广场上的拱门了。你想掌握这个流传已久的建筑秘诀吗？

实验必备

- 7 张 A4 卡纸
- 直尺
- 直径 10 厘米的量角器
- 铅笔
- 剪刀
- 透明胶带

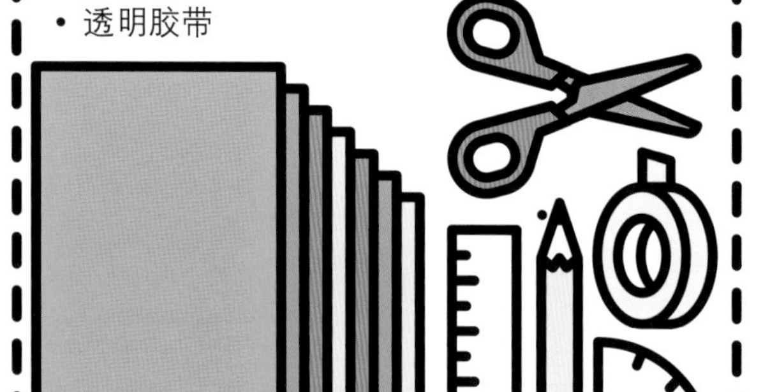

1 在卡纸的正中画一个边长为 5 厘米的正方形，把每条边的中点标出来。

2 把量角器上的“+”号对准小正方形一条边的中点，使量角器的零刻度线与这条边重合，找到 75 度和 105 度的点，用铅笔做出标记。

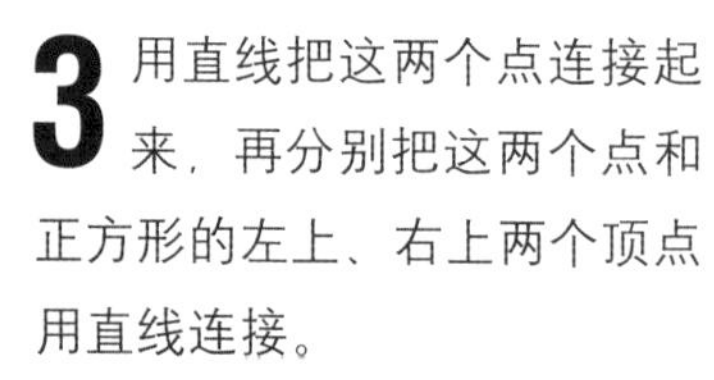

3 用直线把这两个点连接起来，再分别把这两个点和正方形的左上、右上两个顶点用直线连接。

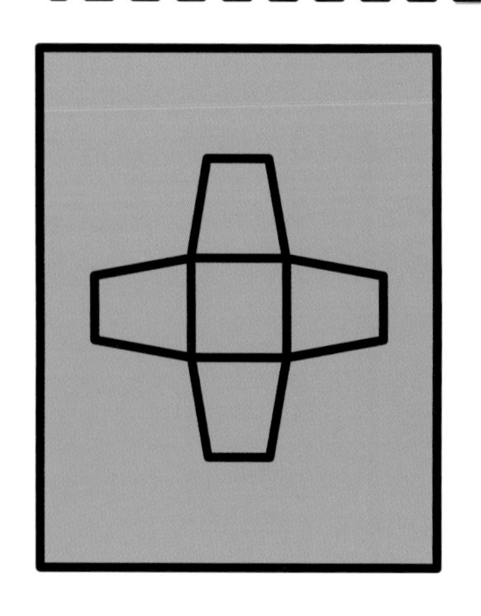

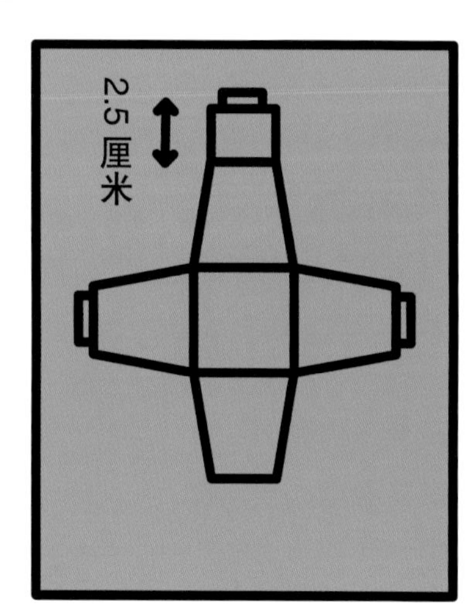

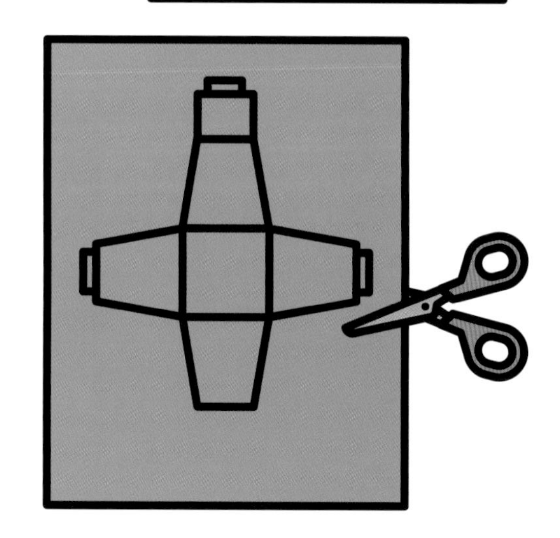

4 在正方形的其他 3 条边上重复第 2 ~ 3 步，最后每条边都多加了一个小梯形。

5 在第一个梯形的顶端画一个边长为 2.5 厘米的正方形，然后再给这个正方形的顶端加一个小小的长方形，左右两侧的梯形上也各自再加一个同样的小长方形。

6 把这个形状剪下来作为原型，在其他 6 张卡纸上画出相同的形状。把这 6 个形状沿外轮廓剪下。

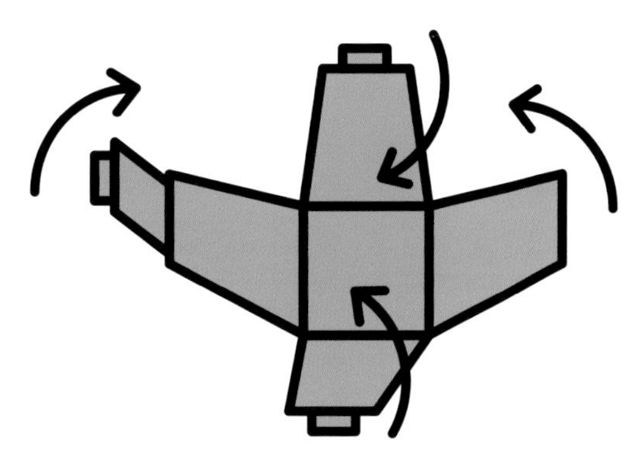

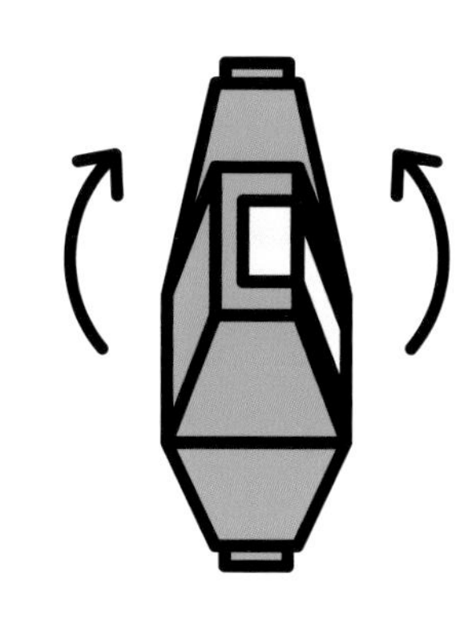

7 用剪刀和直尺在剪出的形状上沿直线轻轻划出折痕。

8 把外伸的 4 个梯形沿折痕向内折叠，小正方形和 3 个小小的长方形也同样向内折叠。

9 用胶带把带有小正方形的梯形和它对面的梯形粘好，确保小正方形的一面水平。

10 把另外相对的两个梯形也在顶部粘牢固定，第一块“石砖”就做好了。请同样完成其余 6 块“石砖”。

11 把 3 块“石砖”依次垒起来，形成拱门的一边，请朋友帮忙在旁边垒出拱门的另一边，将这两部分均用手扶好。

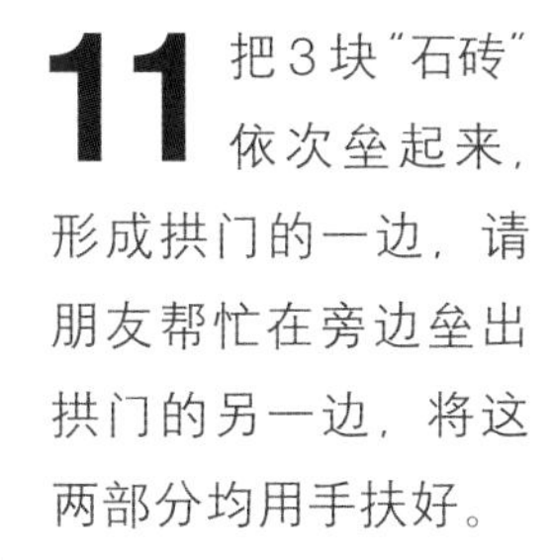

科学原理是什么？

拱桥岿然不动的秘密藏在最后砌到顶部的那块石砖里。在建筑学里，这块石砖也叫“拱心石”。拱心石的重量会向左右分散传递到拱桥的两侧，并继续下压传递到地面，所以每块石砖不仅能更均匀地承重，还能更紧密地契合。

12 把桥顶正中的最后一块“石砖”砌进去，推动上一步做好的拱桥两边，使它们夹住正中的“砖”，拱桥就连好了。可以找一些书本重物抵在拱桥两侧以加固。不过即使不用这些书，这座不加胶水的小拱桥，也完全可以立得稳稳当当。

橡皮筋快艇

只需一根橡皮筋和几根手工木棒，我们就可以做出强力马达，推动快艇飞速前行了！

实验必备

- 至少 10 根手工木棒
- 木扦
- 橡皮筋
- 一小块橡皮泥
- 直尺
- 剪刀
- 美工刀
- 热熔胶枪
- 砂纸（可选）
- 一浴缸的水

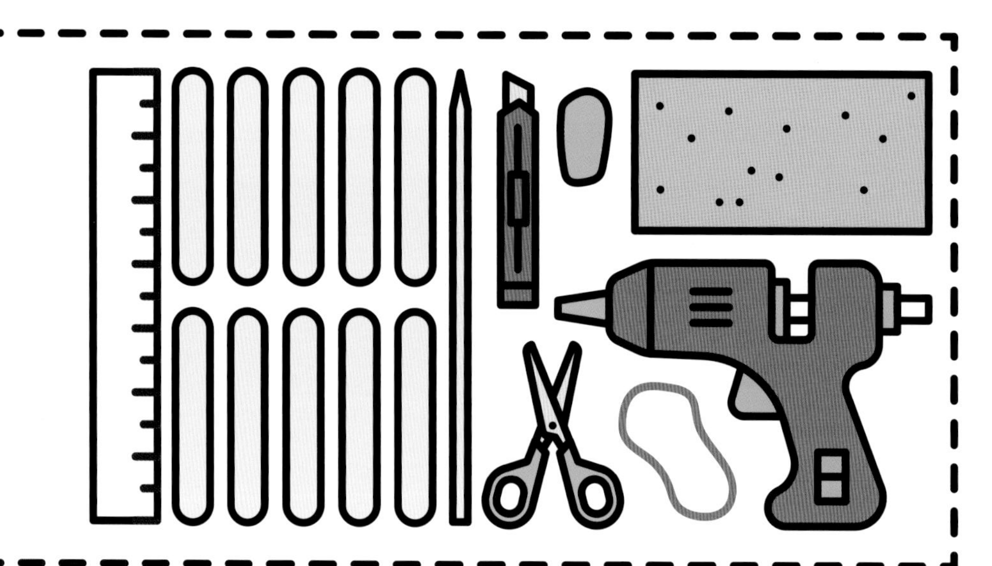

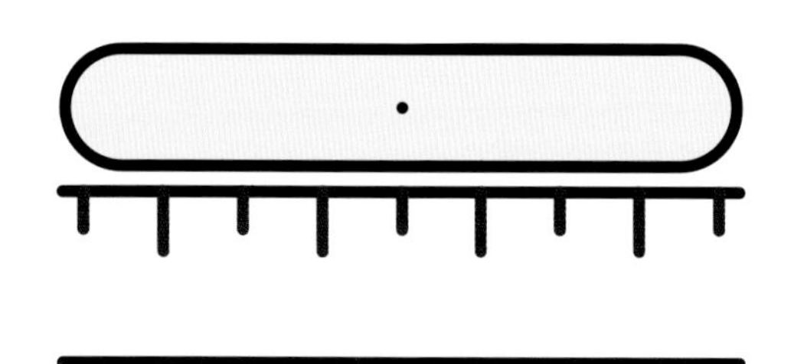

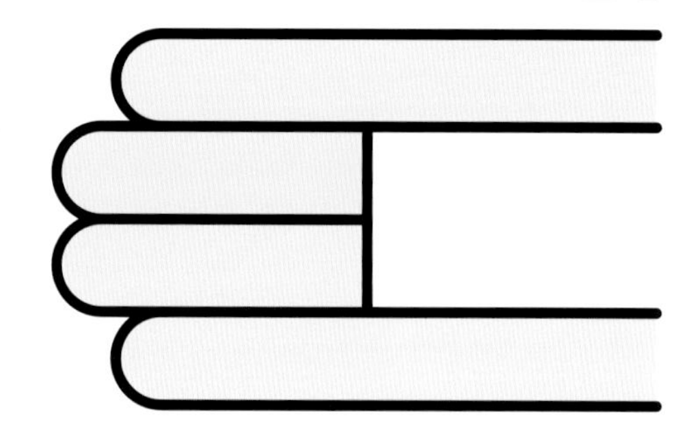

1 用直尺量出手工木棒的中点，从这点把手工木棒剪成两半。

2 把这两根半截手工木棒并排摆在桌面上，在其两侧分别再加一根完整的手工木棒。如图，短的两截要比长的两根多露出一些。

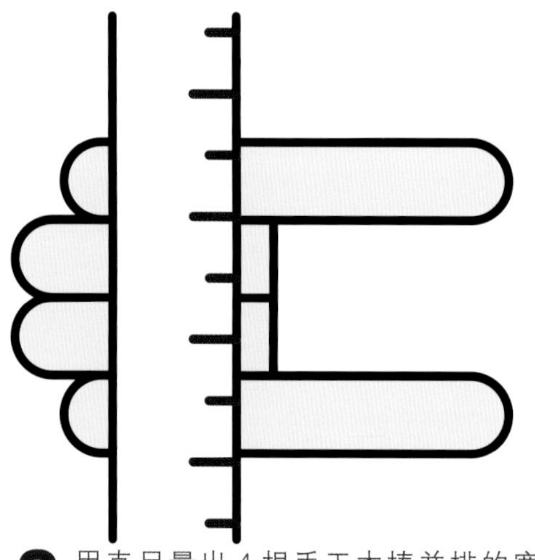

3 用直尺量出 4 根手工木棒并排的宽度。以这个宽度为准，裁出 6 根等长的手工木棒。

4 在并排摆放的那 4 根手工木棒上涂好胶水，从靠近它们头部（即船头）的地方开始，粘上一根第 3 步中裁下的短手工木棒。

5 紧挨着继续粘上 3 根短手工木棒，做成快艇的甲板。

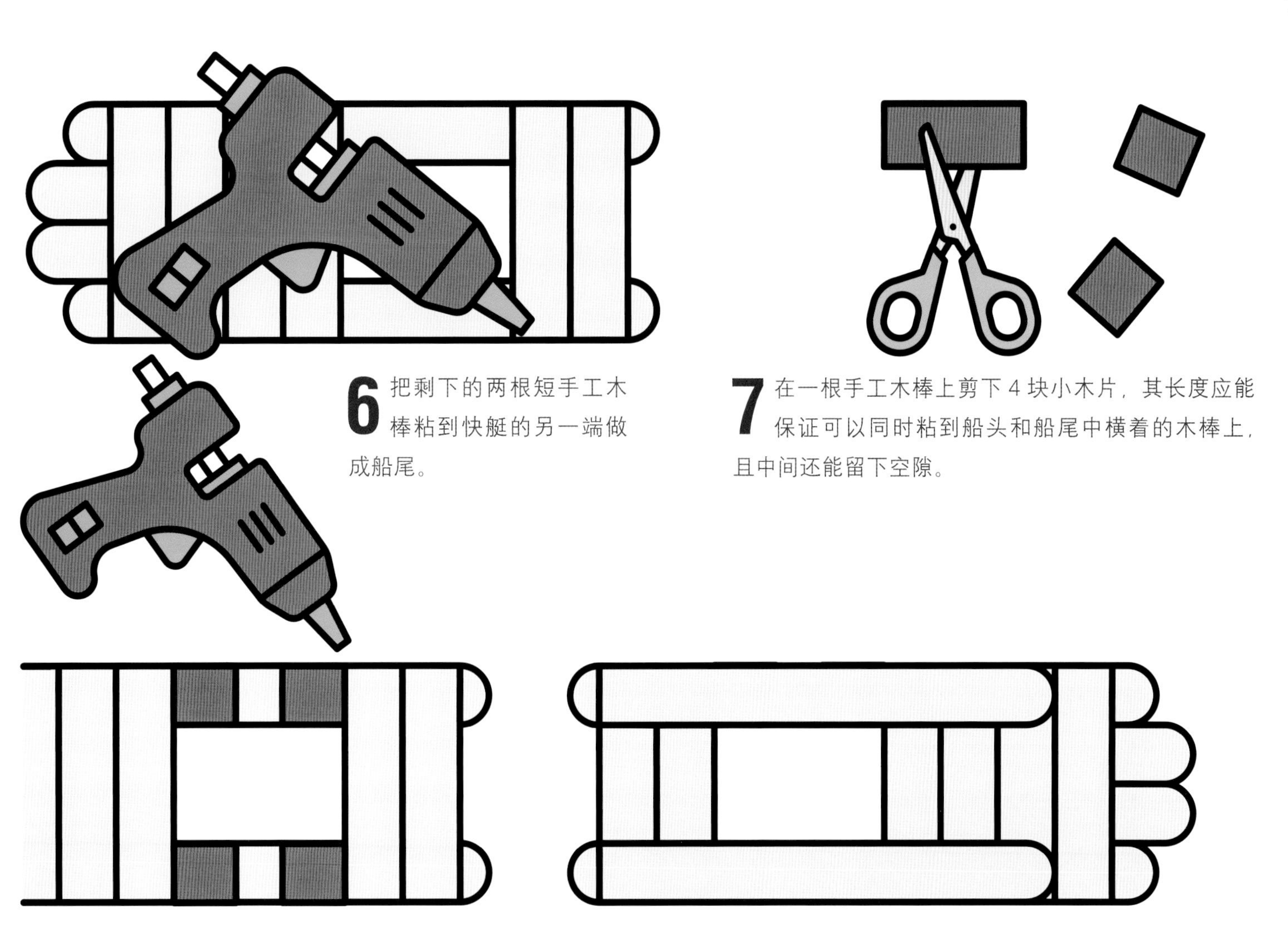

6 把剩下的两根短手工木棒粘到快艇的另一端做成船尾。

7 在一根手工木棒上剪下 4 块小木片，其长度应能保证可以同时粘到船头和船尾中横着的木棒上，且中间还能留下空隙。

8 把这 4 块木片如图粘到两侧的船舷上，中间留出一个放橡皮筋的空间。

9 再取一根手工木棒横放到一侧的船舷上，摆放时需要把船头甲板的第一根手工木棒空出来，并把新加手工木棒超出船尾的部分裁掉。

10 在另一侧船舷重复上一步。把这两根手工木棒分别用胶水粘好，做成加厚加固的两层船舷。

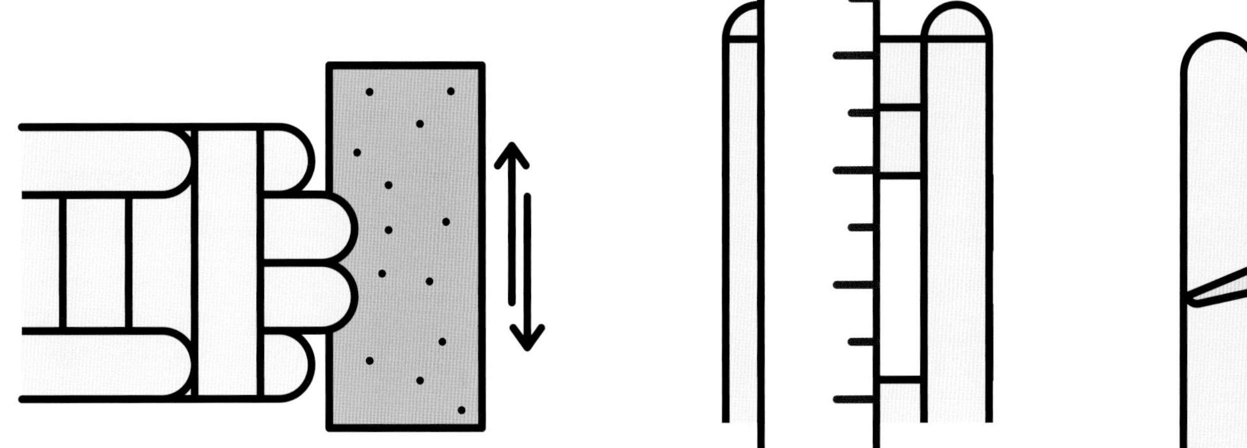

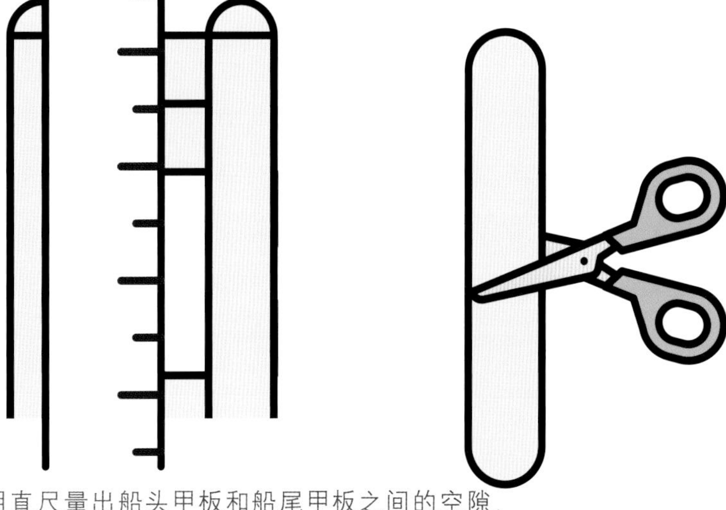

11 如果可以，不妨用砂纸把船头打磨一下。这虽然不会影响船的速度，但光鲜亮丽才是一艘新船的气象。

12 用直尺量出船头甲板和船尾甲板之间的空隙，再剪下两根略短于这个空隙的手工木棒来做船桨。做好的船桨会在这个空隙里飞快转动，所以这两根木棒必须要短一点。

13 请大人帮忙，把这两根短木棒如图并排摆在一起，再用美工刀在中间划出一道等于它们一半宽度的开口。

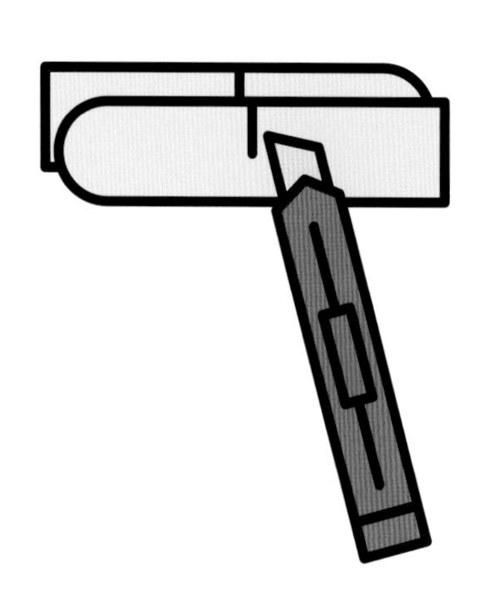

14 在开口的位置把两根手工木棒十字交叉，牢牢插到一起，这就是船桨。同样可以用砂纸把船桨的棱角打磨一下，使其更加整齐美观。

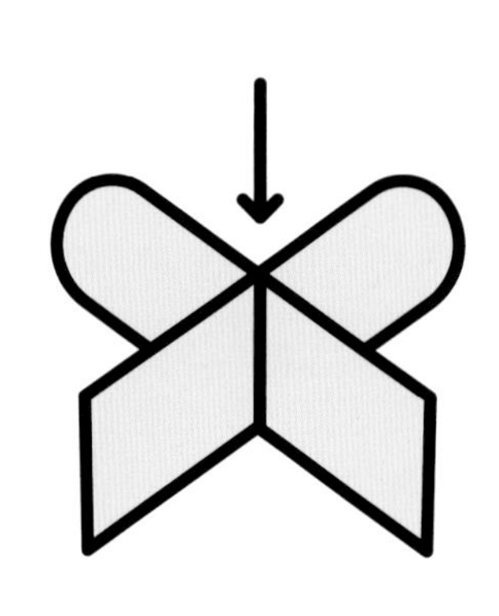

15 把橡皮筋从两层船舷中间留出的缝隙里穿过，让橡皮筋的两头从船身两侧露出来。

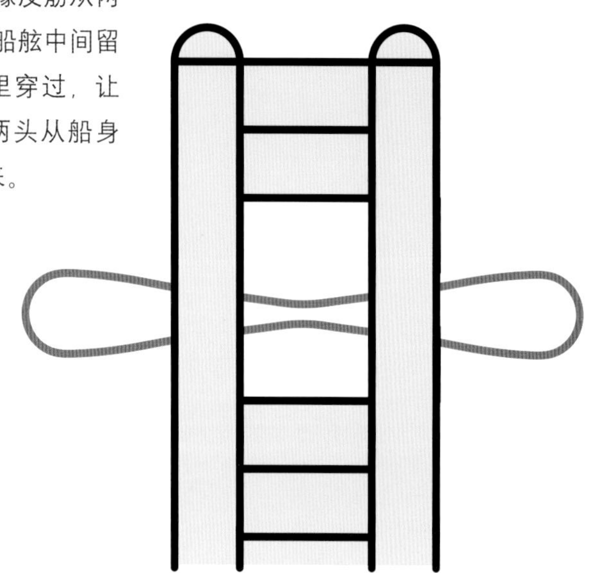

16 抓紧橡皮筋的一头，拉直套到船尾一侧，再把另一头套到船尾的另一侧。如图所示，橡皮筋就固定好了。

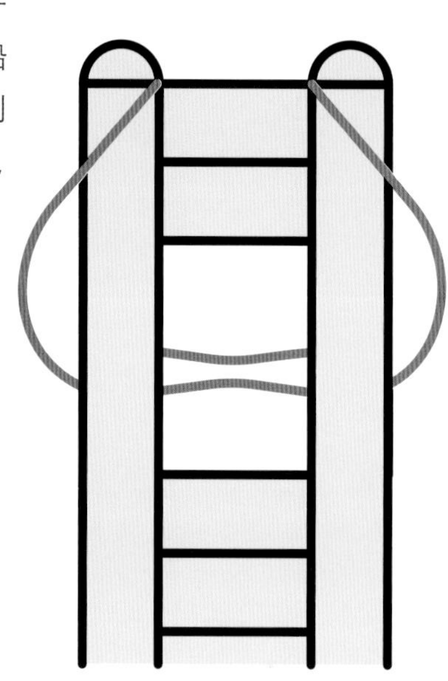

17 把船桨的一个叶片夹到船身空隙处的橡皮筋中间。橡皮筋已经拉紧，所以船桨应该不会轻易掉出来。

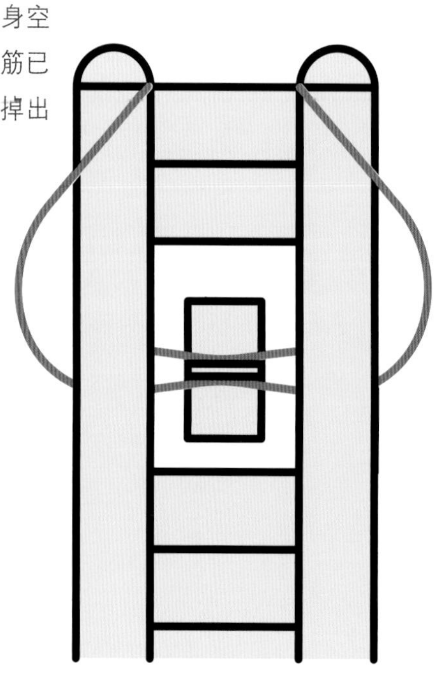

现实世界

我们今天动手做了一艘小小的螺旋桨动力船。在19世纪，螺旋桨蒸汽船在美国的密西西比河上运货载客，来来往往。那其中不乏相当奢华的游艇，船上的舞厅、酒吧、豪华舱房等应有尽有。

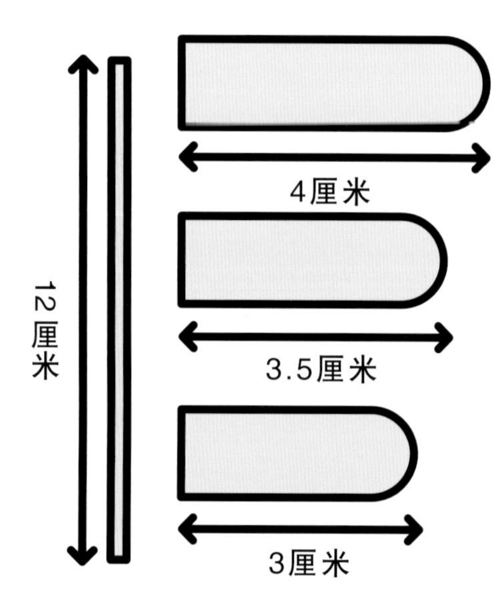

18 接下来做桅杆和船帆：剪下3根长度分别为4厘米、3.5厘米和3厘米的手工木棒，再剪出一截长12厘米的木扦。

19 把3根新剪下的手工木棒从长到短并排粘到木扦上去。

20 再用橡皮泥把做好的桅杆粘到船头甲板上。

科学原理是什么？

转动船桨时，橡皮筋会随转圈的船桨越拧越紧，而其中积蓄的势能也会越来越大。松开船桨后，橡皮筋的势能就会传输到船桨上“启动”螺旋桨。转动的船桨叶片会把水向后划，进而把船向前推进。这里用到的原理也是之前提到过的牛顿第三运动定律，即作用力与反作用力的原理。

21 给浴缸装满水，把船桨在橡皮筋上转紧不放（转的圈数越多，船就会航行得越远），放到水面放开船桨，小船就一下子迫不及待地迎风破浪、扬帆远航了！

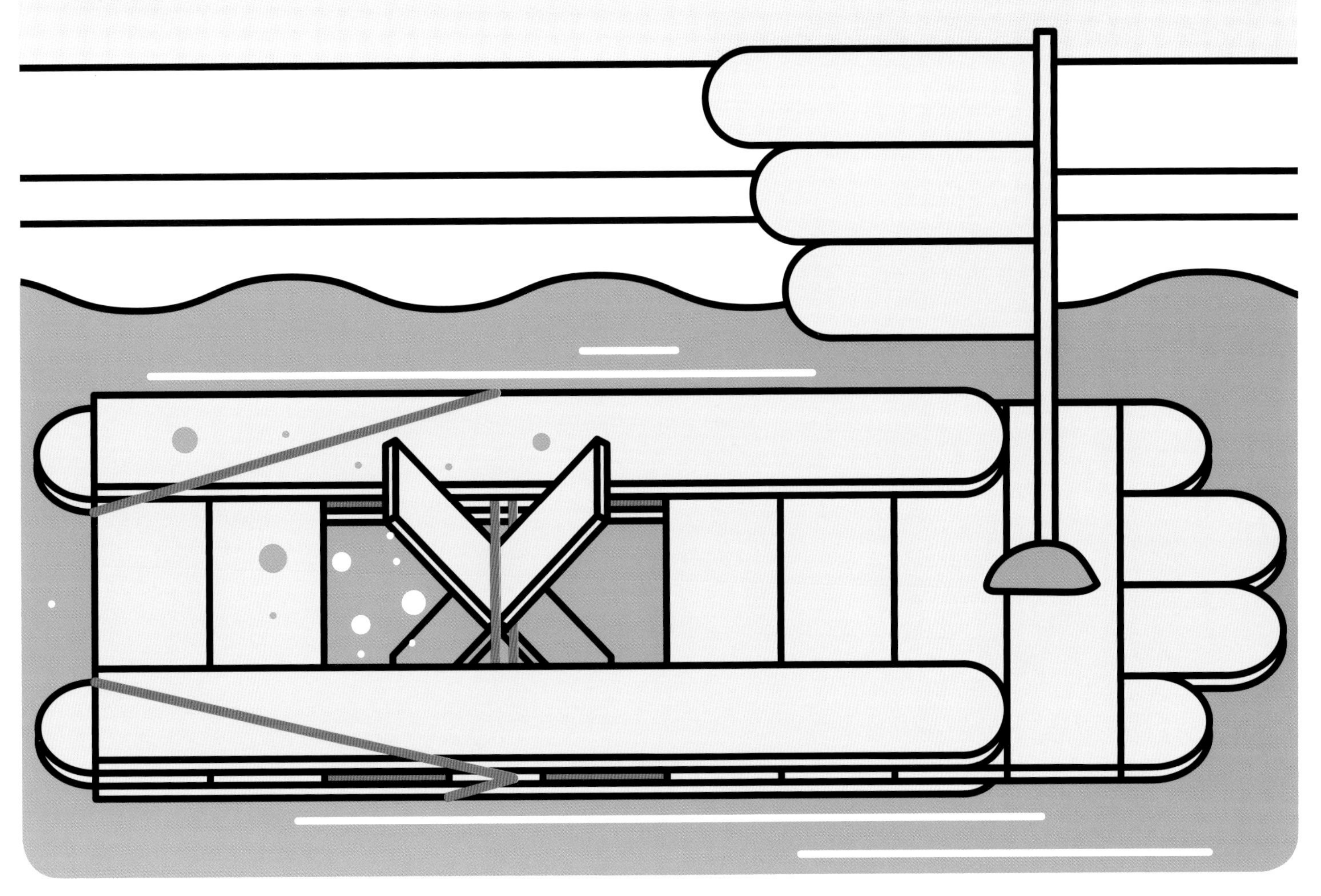

彩光现身秀

有许多光是日常生活中看不见的，但通过一个简单的灯光秀设备，我们就能让这些异彩奇光全部乖乖现身！

1 用直尺量一下纸盒的宽度，找到中点并标记出来，这个点应距离纸筒底部约2.5厘米。

实验必备

- 细长的长方体硬纸盒
- 直尺
- 笔
- 绝缘胶带
- 剪刀
- 硬币
- 美工刀
- 量角器
- 一张旧CD光盘

2 把硬币放在黑点上，用笔把硬币的轮廓描出来。请大人帮忙把这个圆裁掉，裁出一个圆圆的瞭望孔。

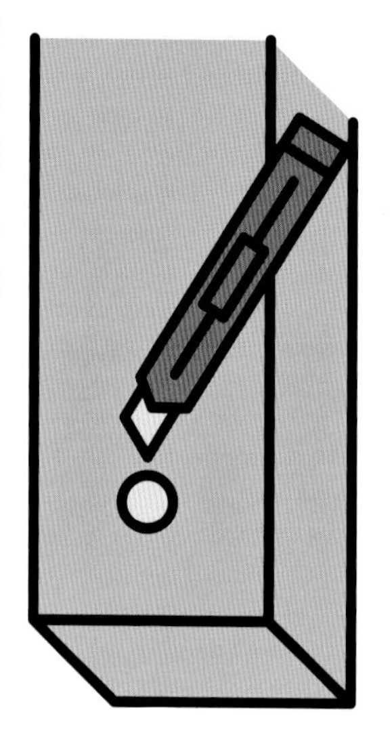

3 把纸盒翻个身，使瞭望孔正面向右。把此时上表面宽度的中点也标记出来，点的高度应和瞭望孔的底部齐平。水平放置量角器，中心对准这个点，如图找到并标记出60度的地方。

4 把这一面的两个点用直线连起来，并继续延长至纸盒这一面的边缘。

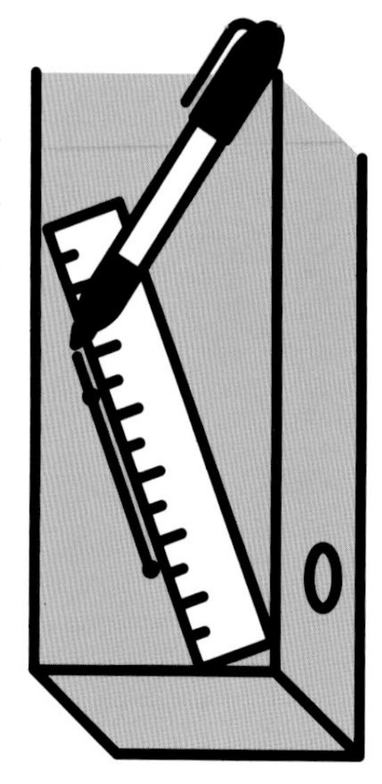

5 把纸盒翻个身，在与斜线所在面相对的另一面按照同样的方法从中点向60度方向画一条斜线，一直画到该面边缘。最后在瞭望孔所在面的背面画一条水平直线，把两侧的两条斜线连接起来。

6 请大人帮忙用美工刀沿着这 3 条直线将纸盒切出一个斜口，然后把 CD 光盘斜插进去，使其亮面朝向瞭望孔的方向。

7 把纸盒另一端的顶盖打开，裁掉盖子。

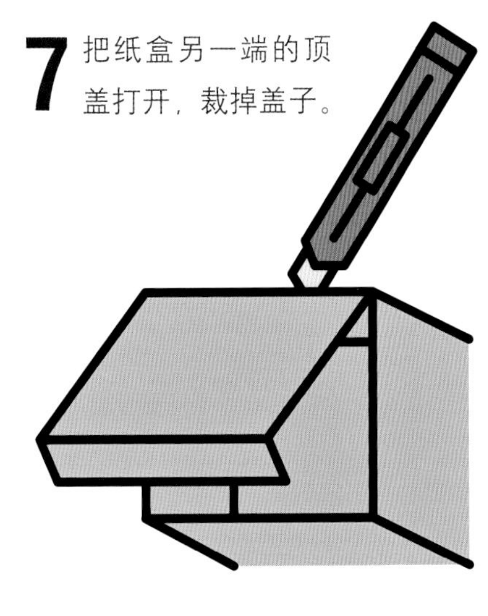

8 用胶带把纸盒顶部的开口一条一条遮起来，中间留出一条细长的缝。

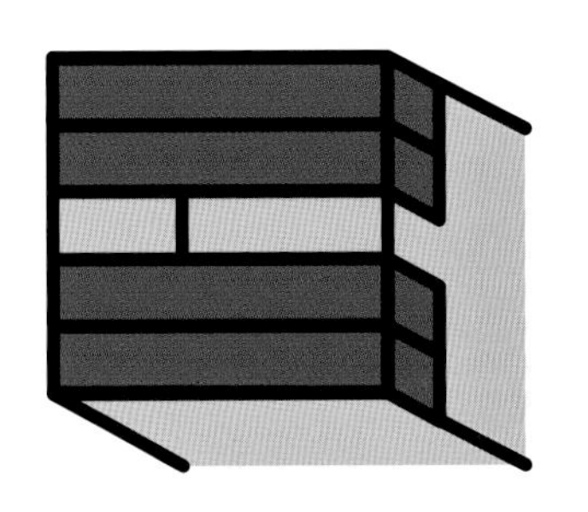

9 改变胶带方向，垂直于刚才粘好的胶带再继续粘贴，最后只在中间留出一个方形小洞。

10 托着做好的纸盒，站在灯光下向瞭望孔里看一看——纸筒外的普通白光在纸盒里的 CD 上映射出了绚丽的彩虹。

科学原理是什么？

这个神奇的装置叫作“分光镜”。把它放在不同的光源下，你就会看到不同的效果。不同的光线性质不同，颜色也不同。我们所看到的“白光”其实是混合了不同色彩的光线，这道白光经过 CD 面上的小细痕反射后，就会分离成光谱。站在灯泡下，你会看到这些彩色的光线是渐变交融的；但在荧光灯下时，各条彩色光线之间的界限却显得相当清晰。你甚至可以到户外的阳光下试一试，这时各种色彩之间甚至会出现显眼的黑线把它们一一分离。但一定要注意不可以直接用眼睛看太阳哦！

气球小赛车

风力可以吹动船帆、推动船只在大海中航行，这人人皆知。但你知道吗？在地面上跑的汽车也同样可以用空气来作为动力呢！

实验必备

- 一小块厚纸板
- 一个大火柴盒或类似的纸盒（用来做车身）
- 两三根吸管
- 两根木扦
- 塑料瓶盖
- 气球
- 强力胶带
- 笔
- 剪刀

1 剪两截同样长的吸管，长度要略短于火柴盒的宽度。

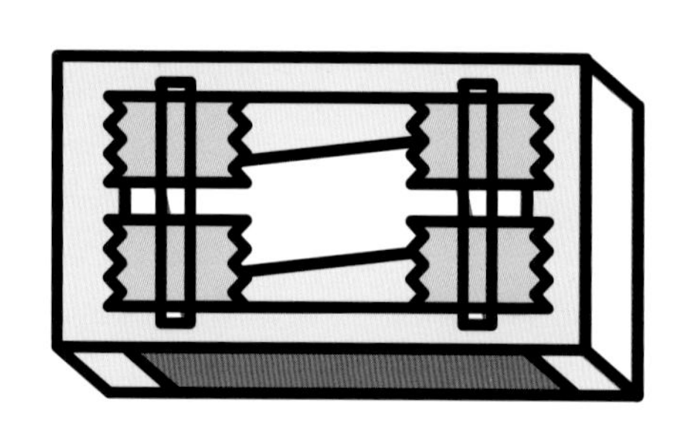

2 把吸管一前一后和火柴盒的头尾平行放好，再用胶带把它们粘到火柴盒上。

3 把木扦从吸管里穿过，两头各留出一小截，再把剩余部分剪掉。

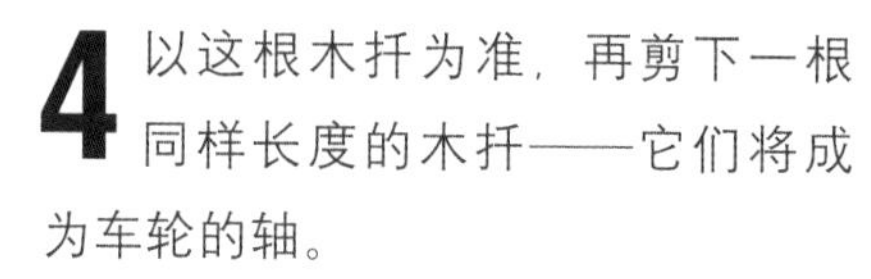

4 以这根木扦为准，再剪下一根同样长度的木扦——它们将成为车轮的轴。

5 把瓶盖扣在硬纸板上，用笔画出4个同等大小的圆，剪下作为车轮。

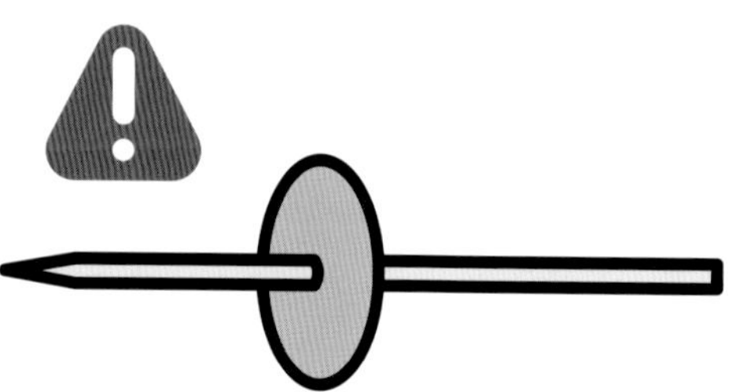

6 用木扦的尖头在每个车轮中心扎出一个小洞。

7 把第4步中做好的轴从车头的吸管里穿过去，再在其两端各安装一个车轮。在车尾重复同样的步骤。

8 把气球的口剪掉（就是你吹气的地方）。挑一根长一点的吸管，把它的一头插进气球，再用胶带把气球口和吸管头密不透风地绑扎起来。密封得越好，车就会跑得越远。

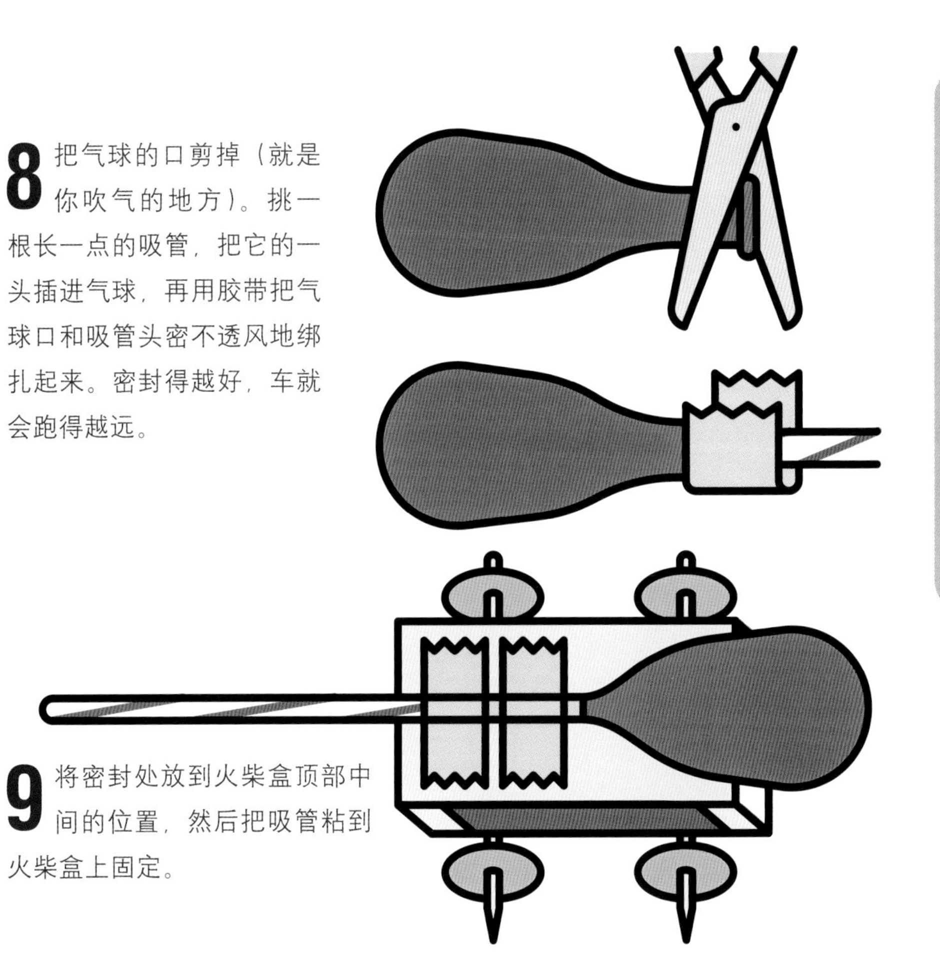

9 将密封处放到火柴盒顶部中间的位置，然后把吸管粘到火柴盒上固定。

科学原理是什么？

吹鼓气球并堵住出气球口时，被空气撑大的弹性橡胶表面就会蓄积能量。一旦松开手指，橡胶的收缩会把空气通过吸管向外推挤。按照牛顿第三运动定律，每一种作用力（在这里就是指使空气向外冲的力）都会有另一个大小相同但方向相反的反作用力（它在本实验中可让车向着另一方向跑）。

10 通过吸管向气球里吹气，吹鼓后用手指堵住吸管口防止漏气。找一块平地放好小车再放开手指，气球小赛车就会呼啸而去了！

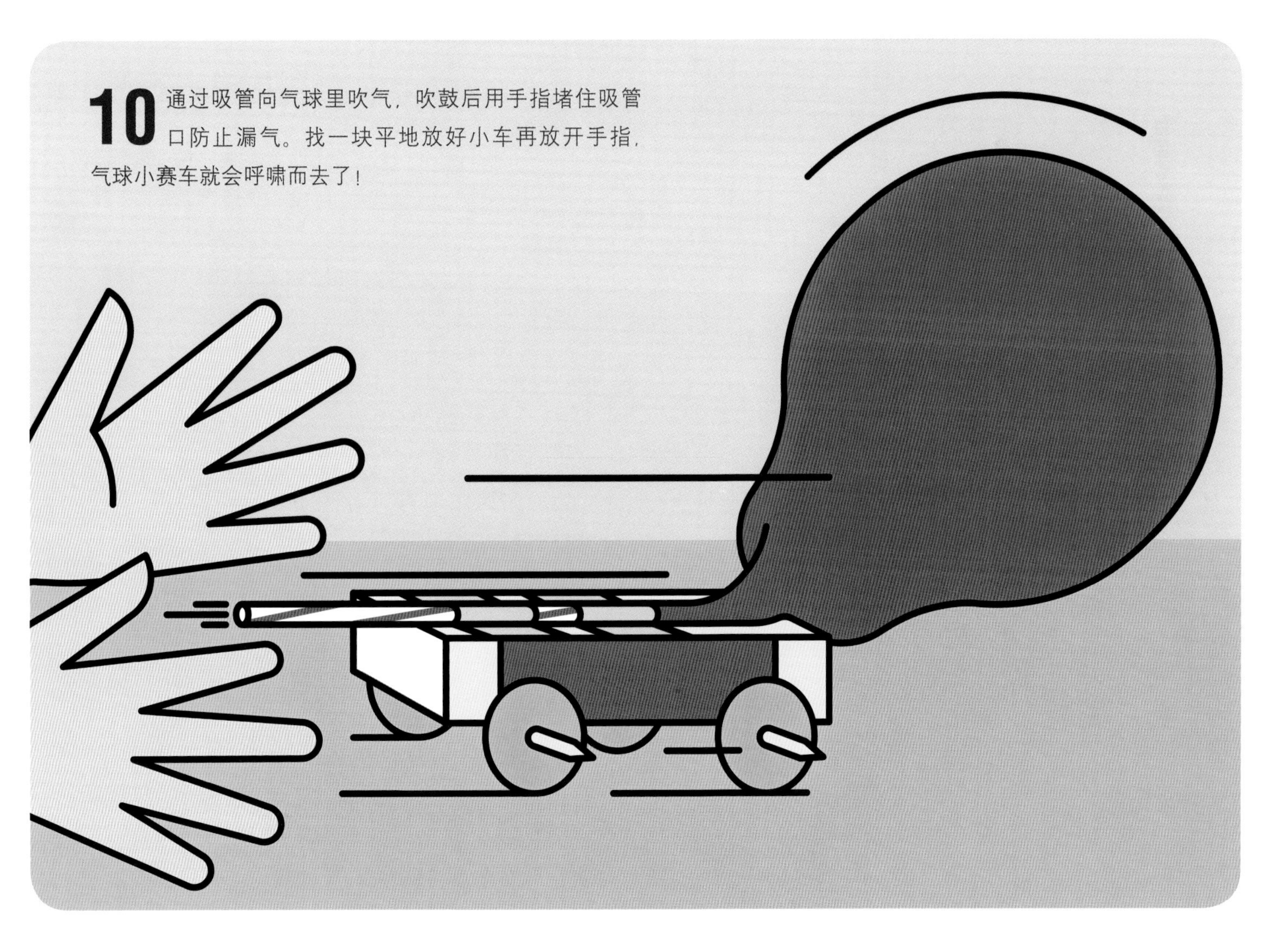

抗震不倒塔

牙签细细不起眼，高塔摇摇却不倒。哪怕地动山摇，这座用牙签做成的高塔都毫不畏惧。

实验必备

- 木制牙签
- 橡皮泥
- 黏土
- 一张桌子
- 一位好朋友

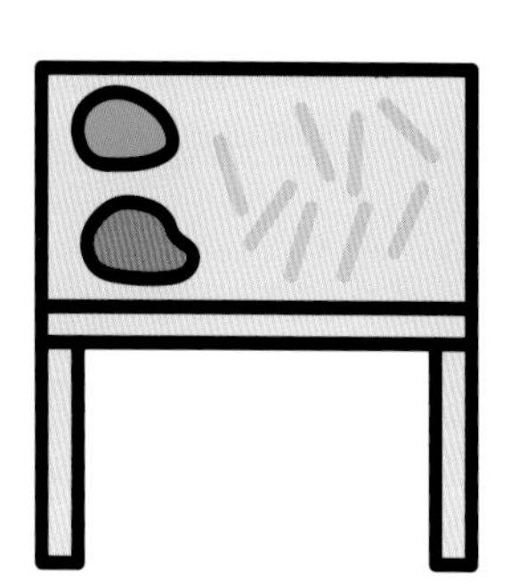

1 把橡皮泥搓成若干颗直径约为 1 厘米的小球。

2 4 颗小橡皮泥球作角，4 根牙签作边，搭成一个平躺的正方形。

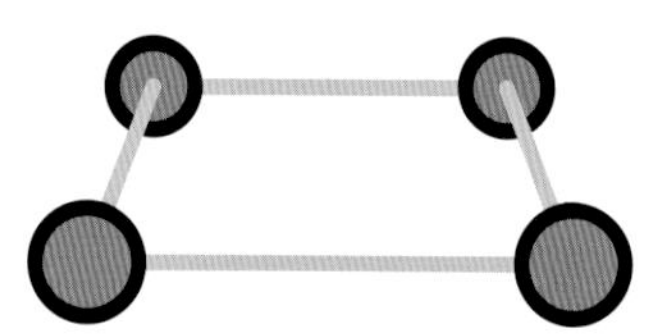

3 再把 4 根牙签竖直插到橡皮泥球上，开始向上搭建。

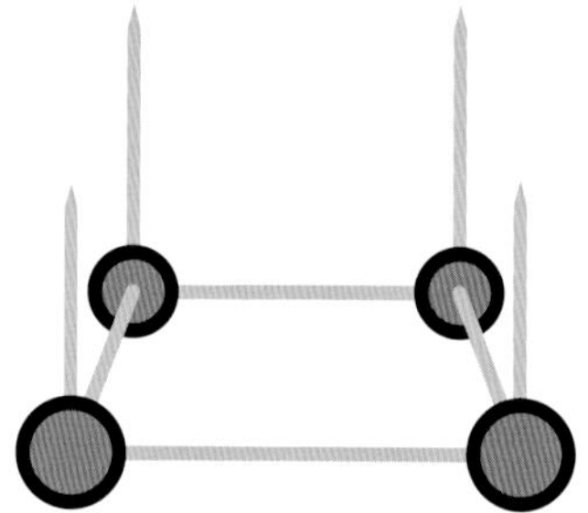

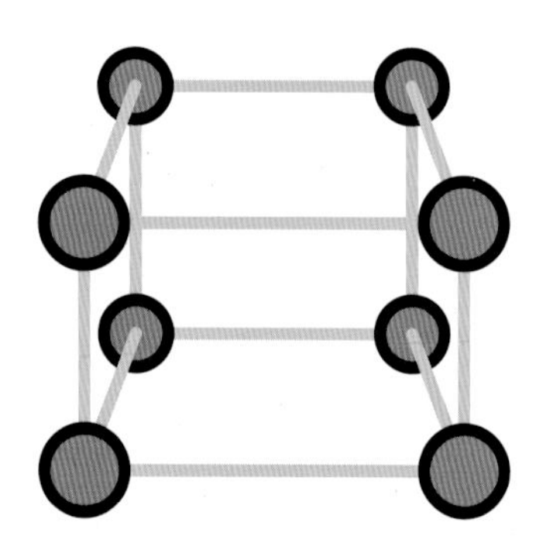

4 在每根竖直的牙签顶上各扎上一颗橡皮泥小球，然后用 4 根牙签把它们水平连接起来，做成一个新的正方体框架。这一步也许得请好朋友来帮忙。

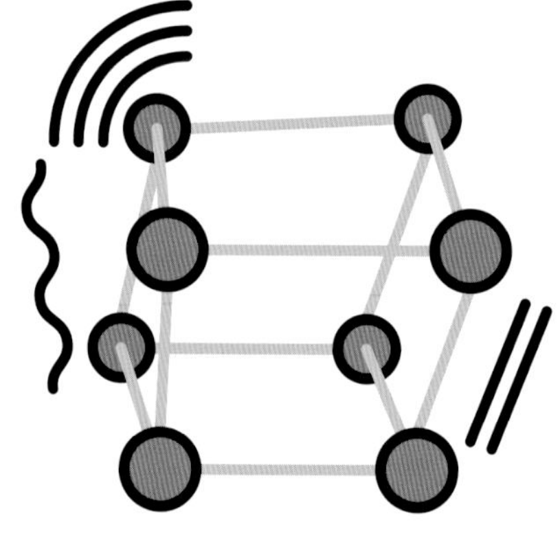

5 把半成品放在桌面，然后用手拍打、晃动桌子。“地震”了，这个刚做好的正方体框架能抵抗得住吗？

现实世界

建筑物一般都是下有地基、上有屋顶、四周有墙壁承重，但地震时上下左右的剧烈摇晃会轻易破坏这个结构。为此，工程师绞尽脑汁地设计出最能抗震的建筑。有些用钢材加固，因为钢材能变形拉伸，吸收地震的冲击；有些建筑物的地基结构中有巨大的滚珠轴承或弹簧装置，能够缓冲地震带来的影响。

6 整理一下，继续取 4 根牙签向上插，开始搭建第二层。

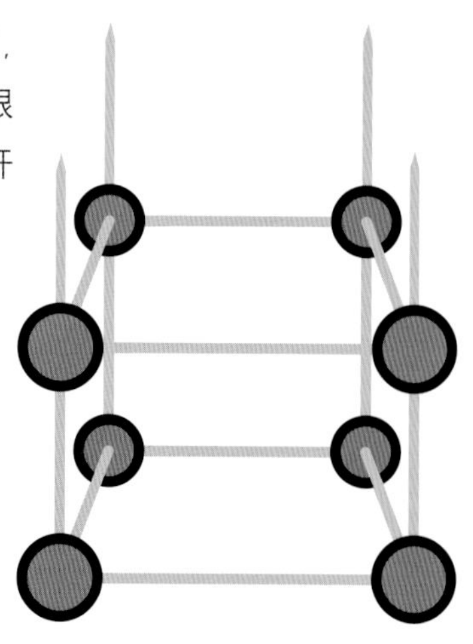

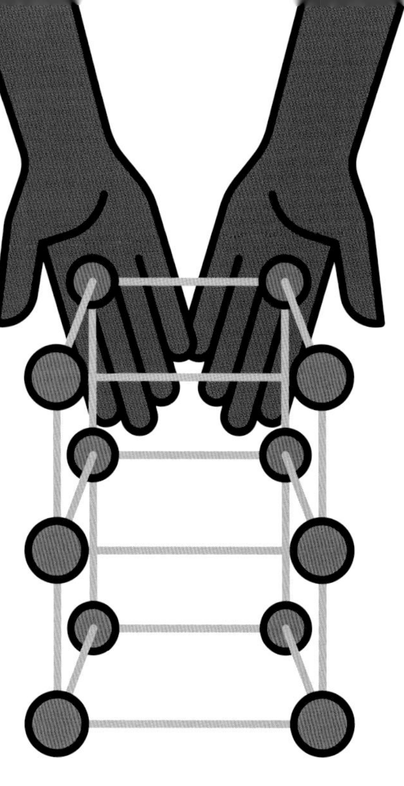

科学原理是什么？

直接使用牙签是无法搭建的，但是用有黏性的材料把它们连接起来，就可以一层一层向上叠加。橡皮泥虽然能起到一定的连接作用，也能够帮助搭建，但因为其本身的材质太松软，一旦遭受轻微的摇晃就会坍塌。所以，高层抗震建筑一定要使用质地最结实、黏性最高的材料。

7 继续在牙签上面扎 4 颗橡皮泥球，再用 4 根牙签把它们水平连接起来，完成第二层。这一步肯定得请朋友来帮忙。

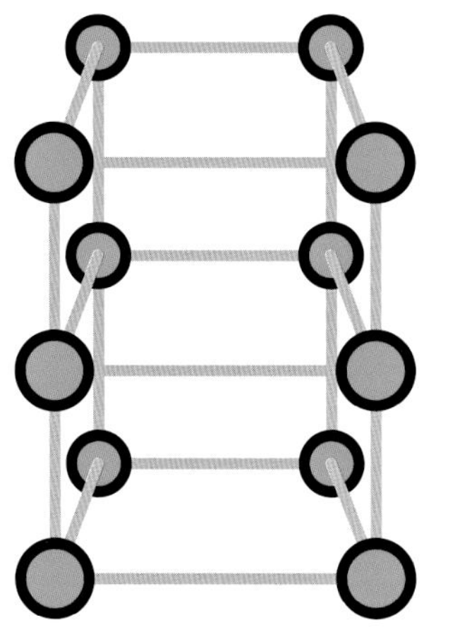

8 可以先找个安全的地方（绝对不是桌子上）把这个两层建筑放到一旁。然后再次重复第 1～7 步。唯一的不同是，这次用黏土代替橡皮泥来做小球。

9 把两个看上去一模一样的建筑放到桌面上，和朋友同时噼噼啪啪地拍打、晃动桌面，再来一场“地震”。这次你会发现，橡皮泥做的两层楼很快就倒了，而用黏土搭建的小楼则安然无恙。比起橡皮泥来，黏土的质地更紧实、黏性也更强，所以更能经受住“地震”的挑战。

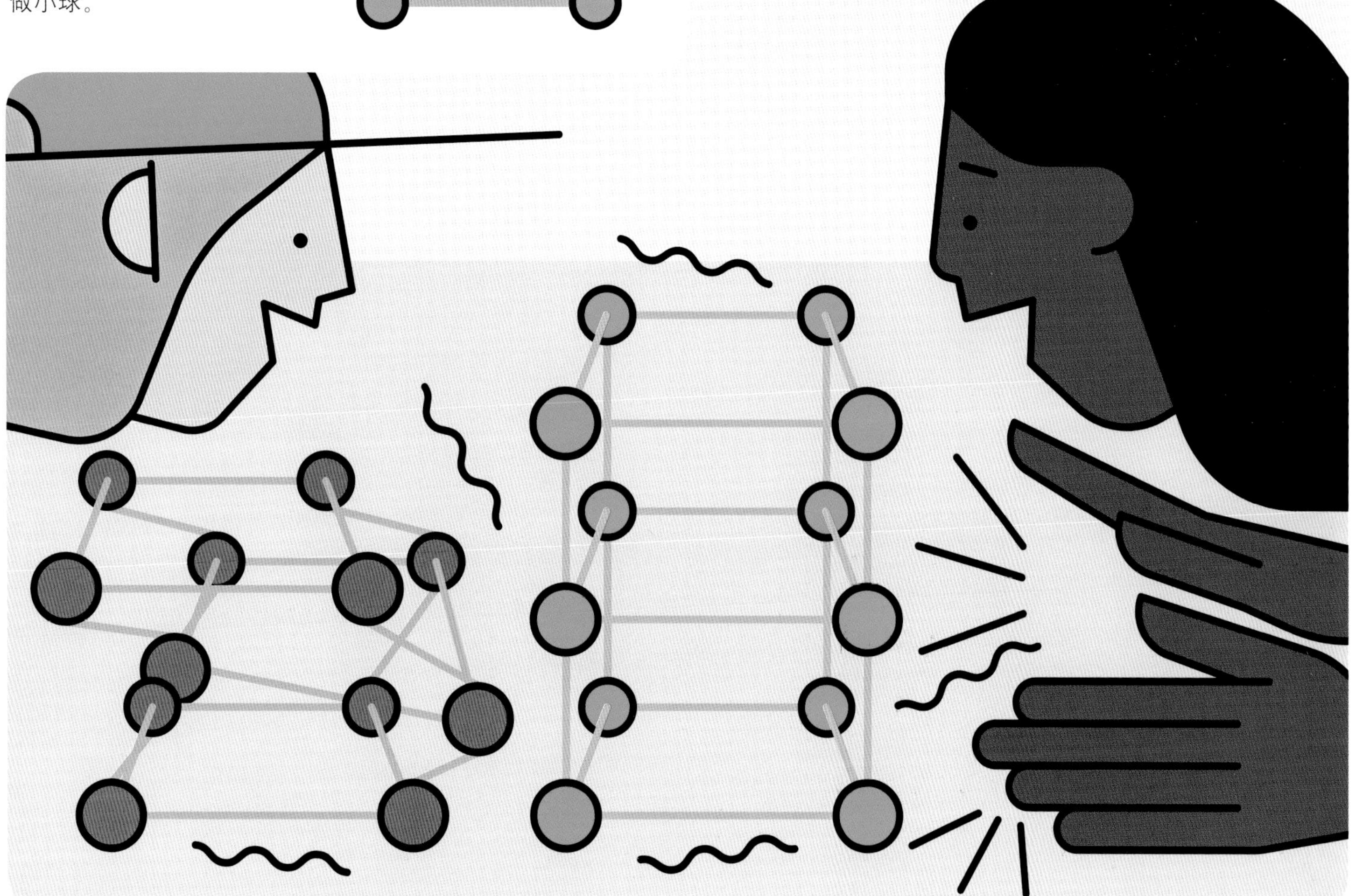

塑料穿梭筒

想不想用塑料瓶做一个在空中快速穿梭的飞筒？闲话不多说，开始动手吧！

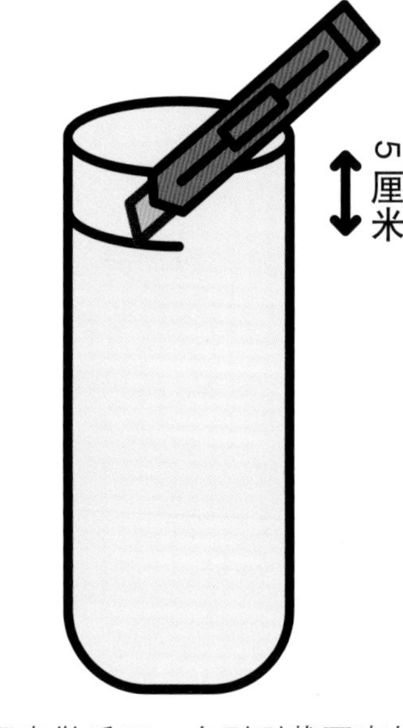

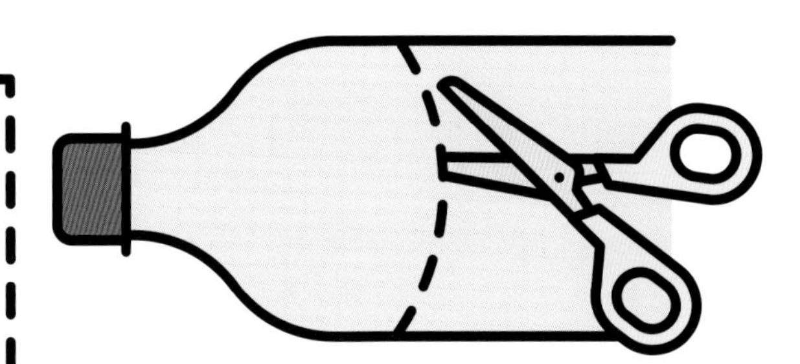

实验必备

- 两个同样大小的空塑料瓶
- 美工刀
- 剪刀
- 防水密封胶带
- 一大团松紧细绳（用来穿珠子的、带弹性的细绳）
- 软尺

1 请大人帮忙，在瓶口向下约占瓶身长度 1/3 的地方切开一个小口，再用剪刀沿开口把瓶子剪成两半。

2 接下来做手环。在刚刚裁下来的瓶身上，从切口向下量 5 厘米，再请大人在这个地方用美工刀切一个小口。

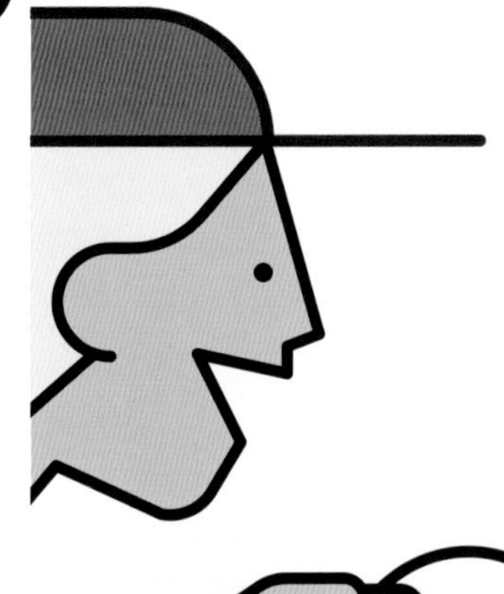

3 从这个开口处向水平方向剪切，剪下一个圆环。再继续把这个圆环一剖为二，剪成两个宽度均为 2.5 厘米的圆环当手环。

4 用胶带在手环上把尖锐的地方缠起来。取出第二个瓶子，照第 1 ~ 3 步做出 4 个缠着胶带、安全好用的手环，以及两个瓶子的上半部。

5 小心捏住其中一个瓶子上半部的开口附近，把它塞到另一个瓶子里，再用胶带在接口处缠绕固定。

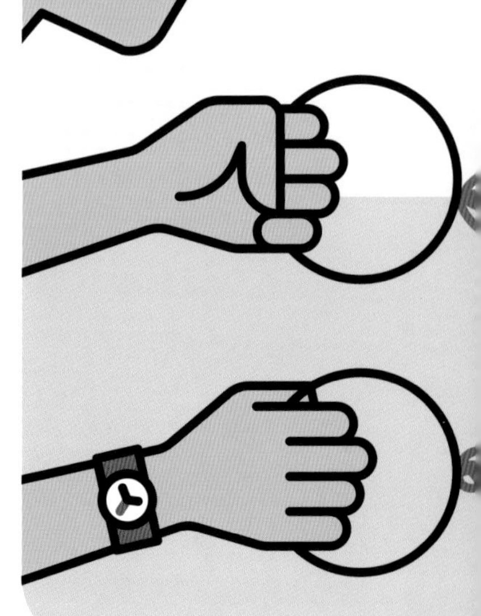

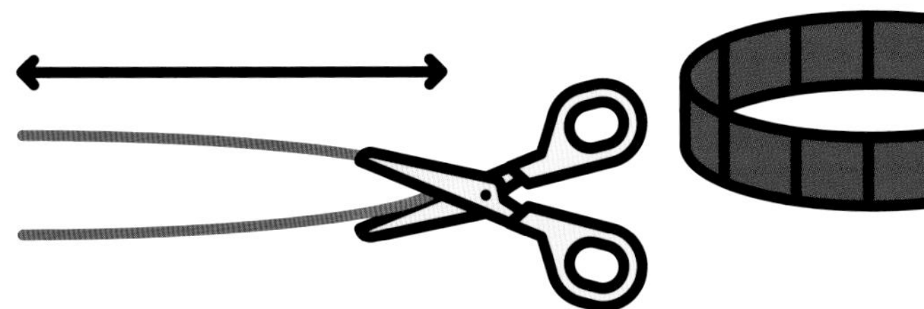

6 剪一根约 5 米长的松紧细绳，再把它剪成相同的两半。

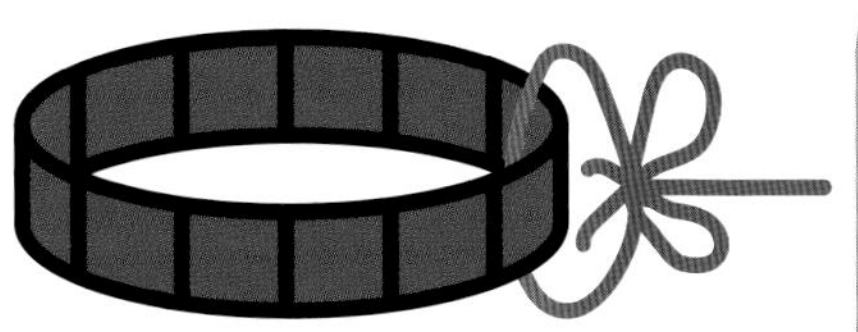

7 把其中一根的绳头在一个手环上系紧，另一根的绳头在另一个手环上系紧。

科学原理是什么？

这个实验的原理叫作“惯性”，指物体倾向于保持原有运动状态的性质。在这个实验中，瓶子一旦开始向一个方向运动，就倾向于一直朝这个方向冲，除非有外力阻碍并让瓶子停下。这个外力可能是朋友的手，也可能是细绳的摩擦（摩擦力指的是两个物体在接触时产生的相互作用的阻力）。

8 把两根细绳空着的一头从穿梭筒里穿过去，然后在另一端把它们系在另两个手环上。

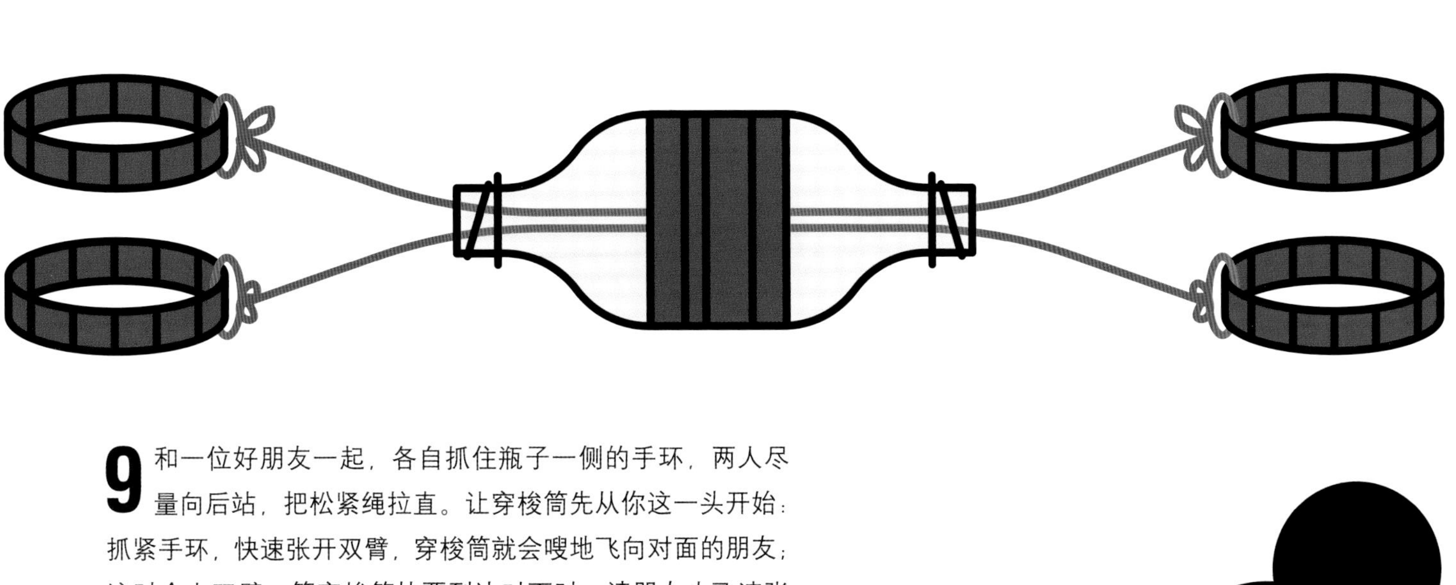

9 和一位好朋友一起，各自抓住瓶子一侧的手环，两人尽量向后站，把松紧绳拉直。让穿梭筒先从你这一头开始：抓紧手环，快速张开双臂，穿梭筒就会嗖地飞向对面的朋友；这时合上双臂，等穿梭筒快要到达对面时，请朋友也飞速张开双臂，穿梭筒就又会立刻折返回来。

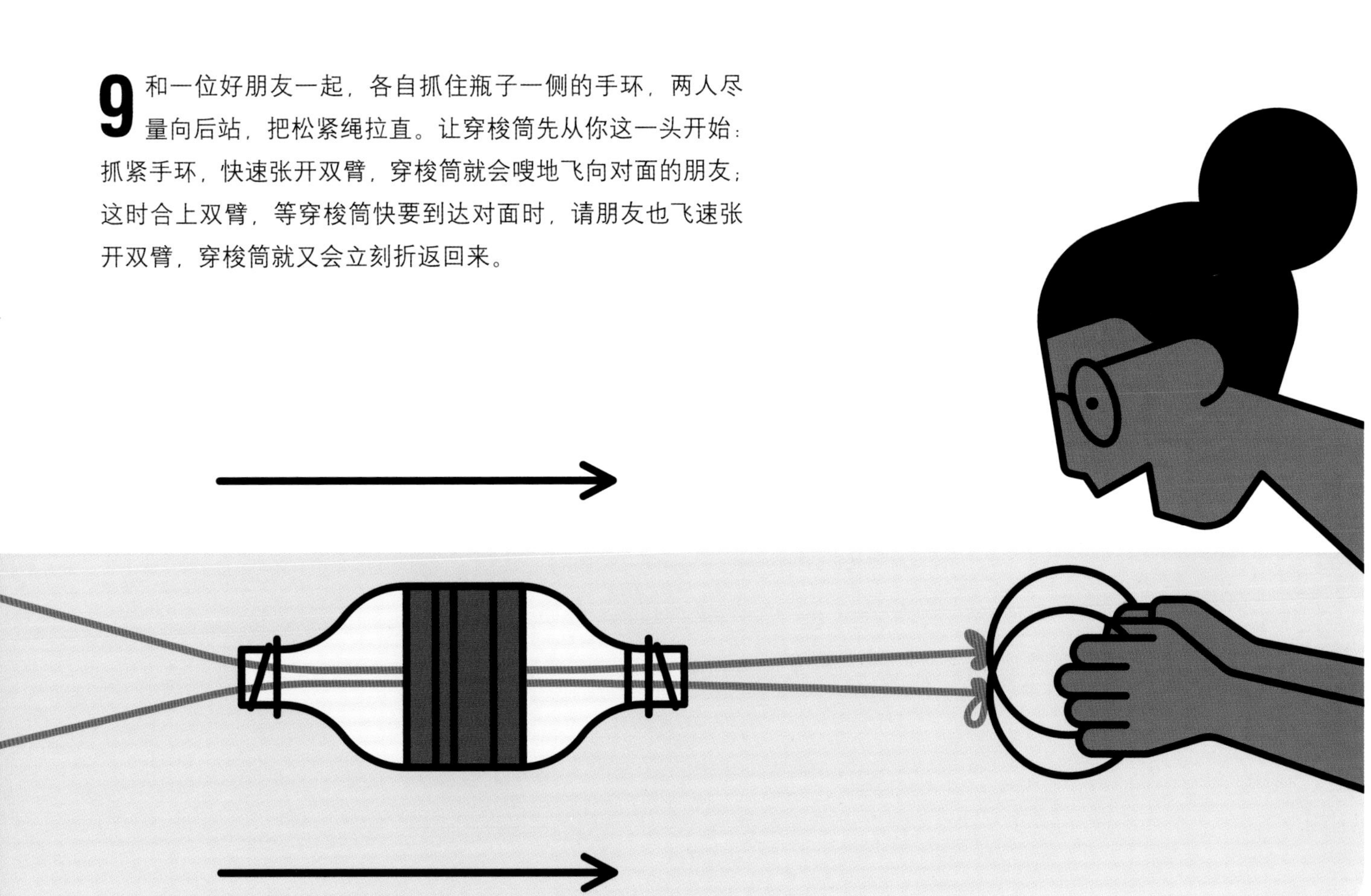

北斗七星

阴云密布的夜晚，怎么找北斗七星？自己动手来做一个星座吧，让你随时都能“找到北”！

实验必备

- 一张 A4 白纸
- 一张黑色卡纸
- 7 盏 LED 灯
- 铜箔胶带
- 3 伏的小纽扣锂电池
- 笔
- 小螺丝刀
- 一块橡皮泥（可选）

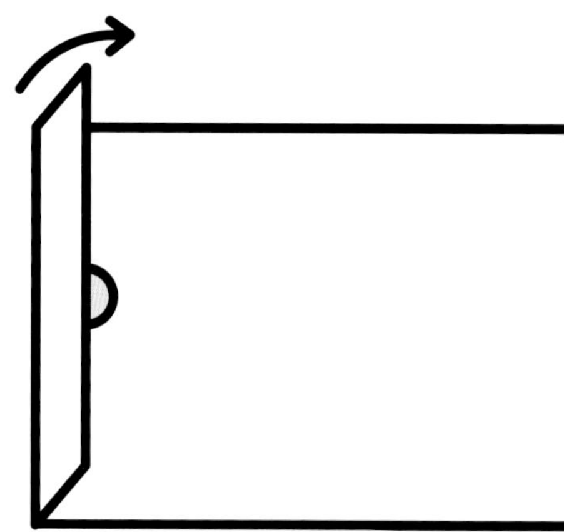

1 把白纸横着摆在面前，然后将左侧边如图向内翻折，翻折的宽度比电池的直径稍大就好。

2 用铅笔在距离折边 2 厘米的地方画一个小圆，这就是“北斗七星”的第一颗星星。

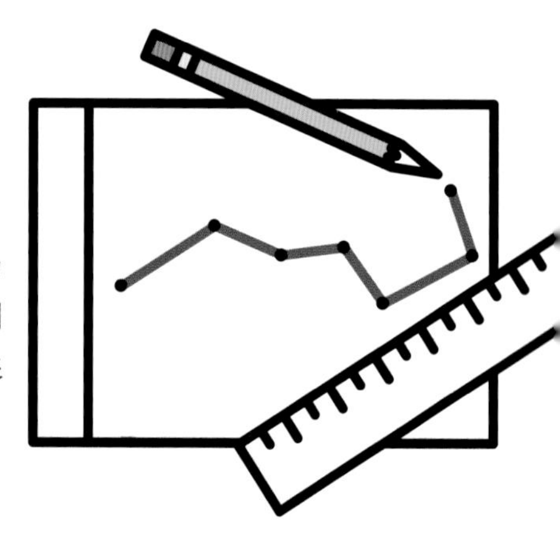

3 如图所示，逐步画出另外 6 颗星星，再用直尺把它们连接起来，形成“北斗”。

4 继续用直尺和铅笔在北斗上下两侧约 1 厘米的地方分别画出两条平行的轮廓线。

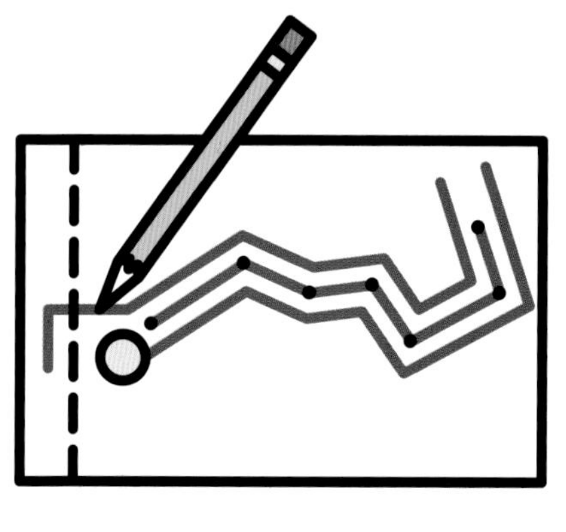

5 打开刚刚翻折的纸边，把电池靠着折痕放在下方平行线的末端。用直尺和铅笔从上方平行线的末端向左水平延伸，穿过折叠线，再拐弯向下垂直画一段线。

北斗七星是这样的：

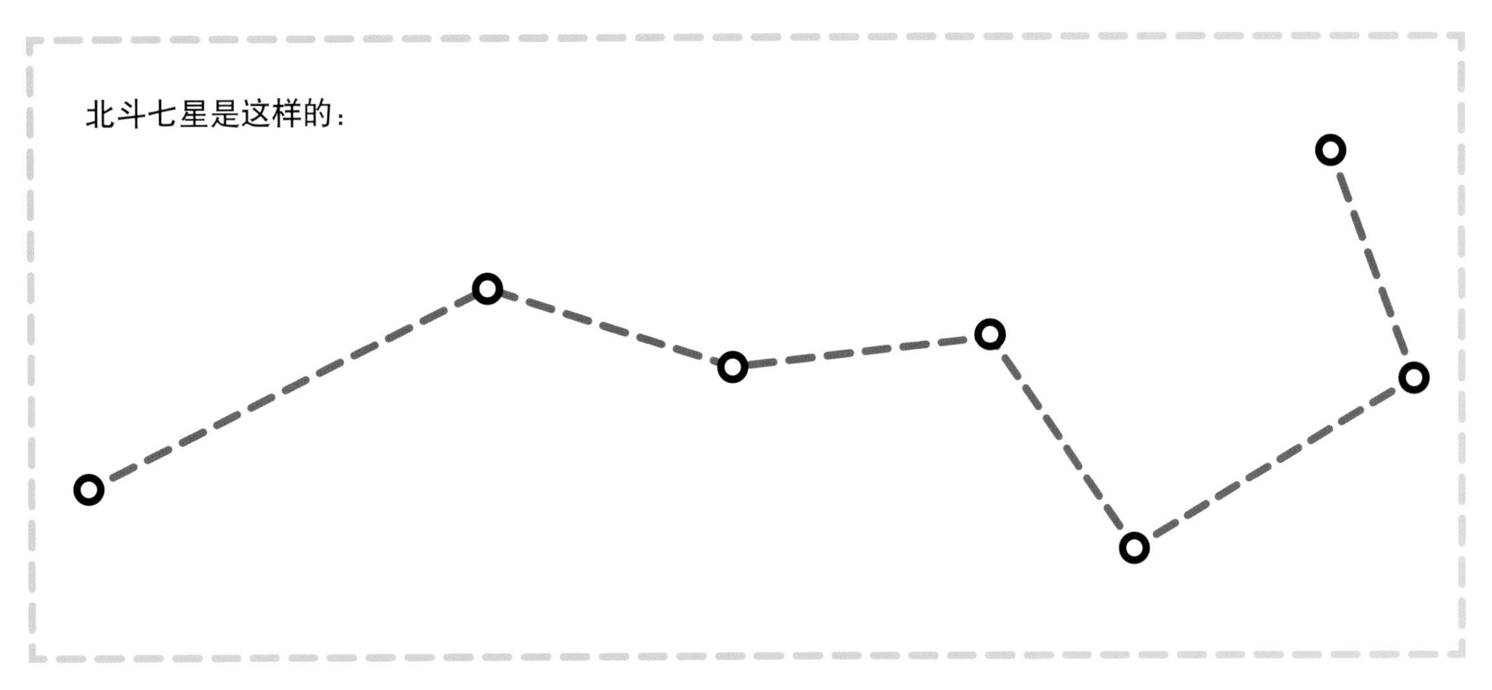

6 把电池放到一旁待用。取出铜箔胶带，沿着北斗的上、下两条平行轮廓线粘上去。注意拐弯处必须连接而不能留下空隙，且上、下两条平行线不可以相互接触。

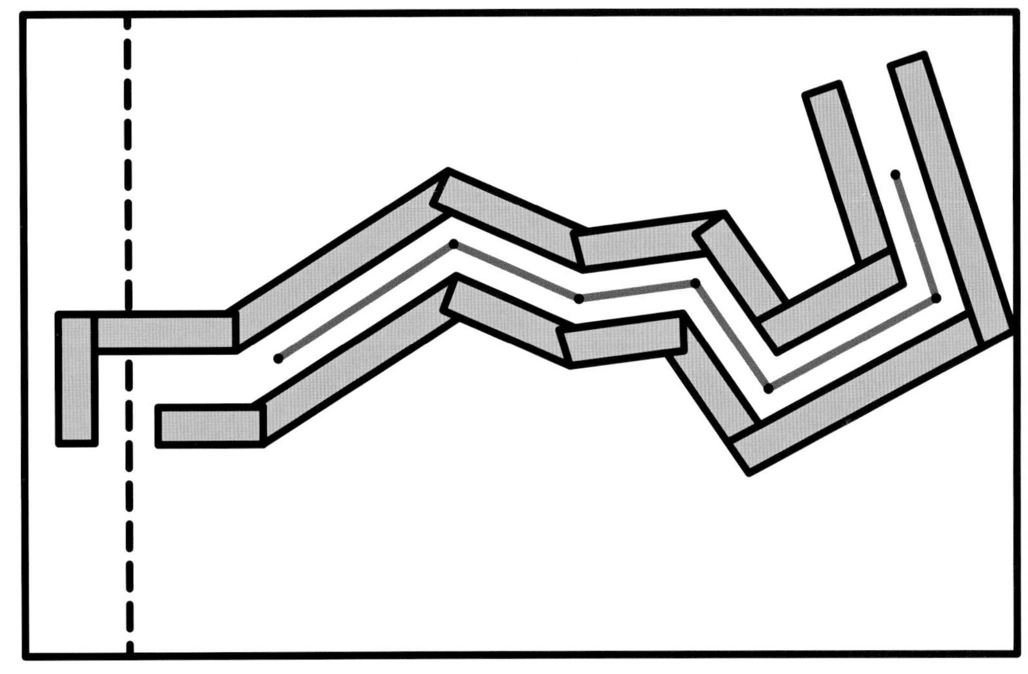

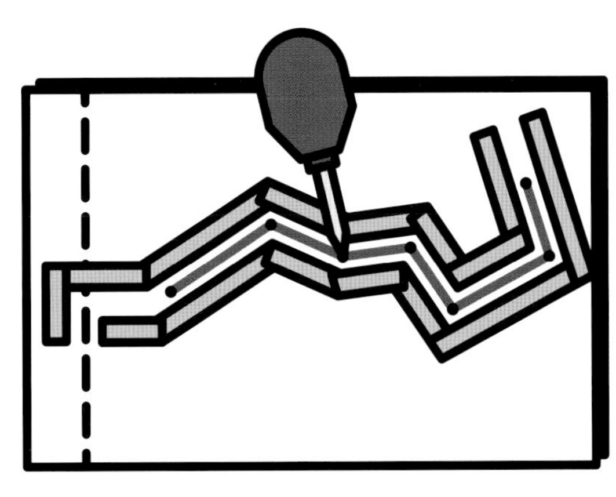

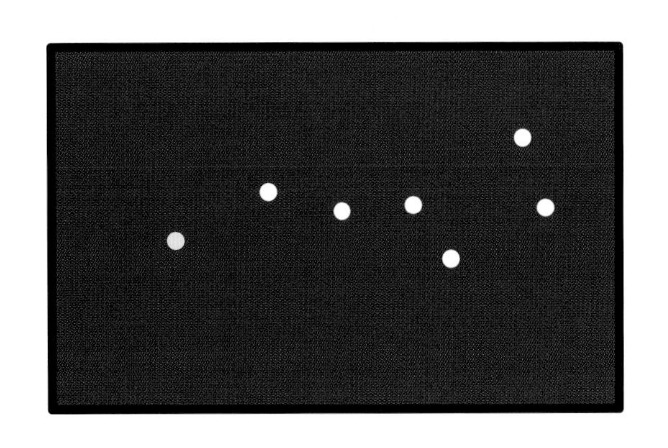

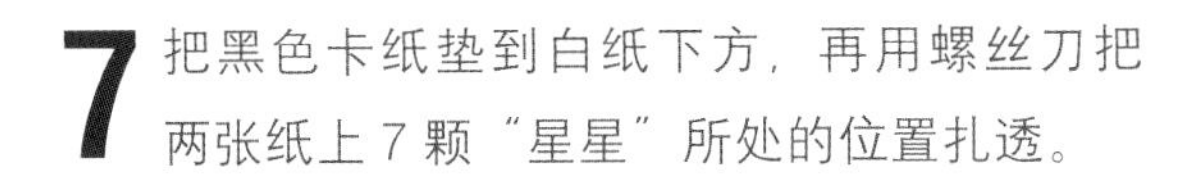

7 把黑色卡纸垫到白纸下方，再用螺丝刀把两张纸上 7 颗“星星”所处的位置扎透。

8 慢慢把黑卡纸上 7 颗星星的小洞捅大一点，直到一盏 LED 灯能恰好穿过去。

9 把第一盏LED灯的两条"腿"左右掰开，灯泡对准第一颗星星的位置，长腿搭在上方的铜箔胶带上，短腿搭在下方的铜箔胶带上。

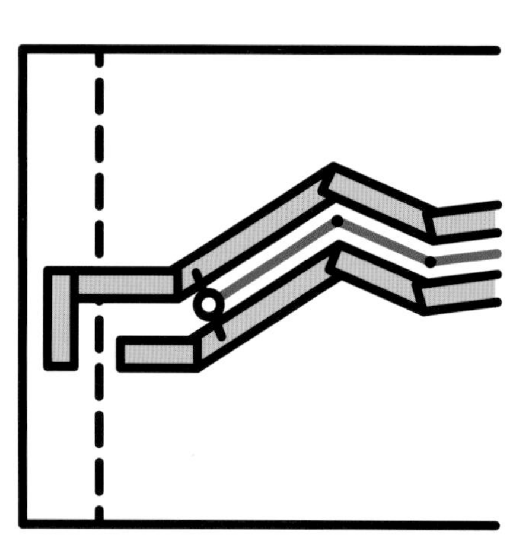

10 把电池正极（也就是写着"+"号的那面）朝上，放在下方的铜箔胶带的末端。

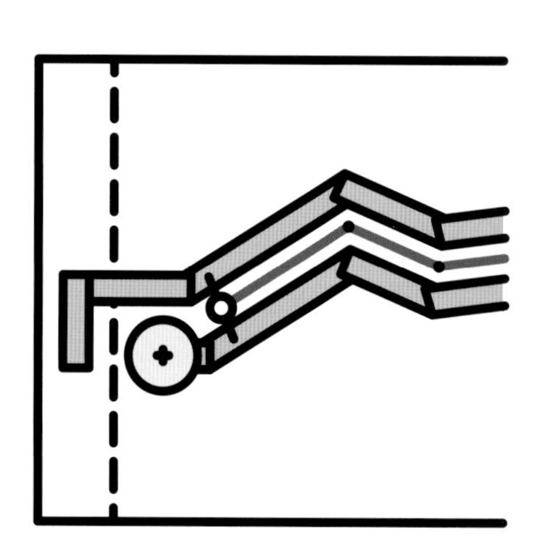

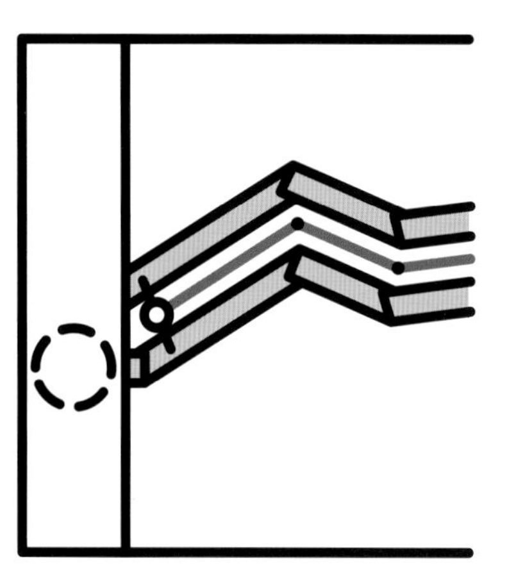

11 把纸的左侧折回来，让上方铜箔胶带的延伸点和电池的正极接触。这时LED灯就会亮起来，说明电路连接正常。

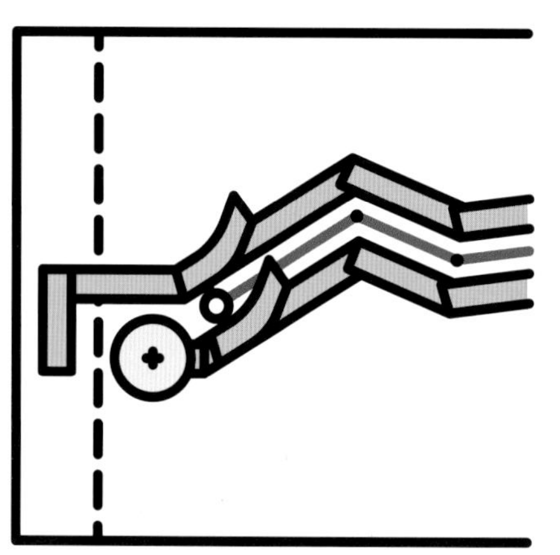

12 调整测试完毕，把LED灯泡对准第一颗星星的位置，用一点铜箔胶带把两条腿固定好。

13 把另外6颗LED灯泡也依次对准余下的6颗星星，长腿（正极）向上、短腿（负极）向下，一一在铜箔胶带上固定好。

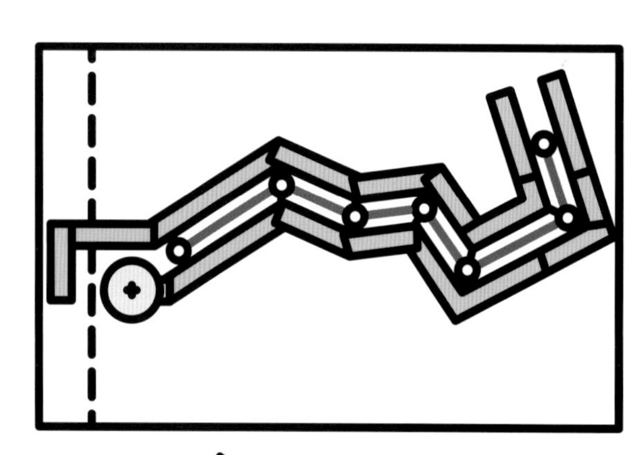

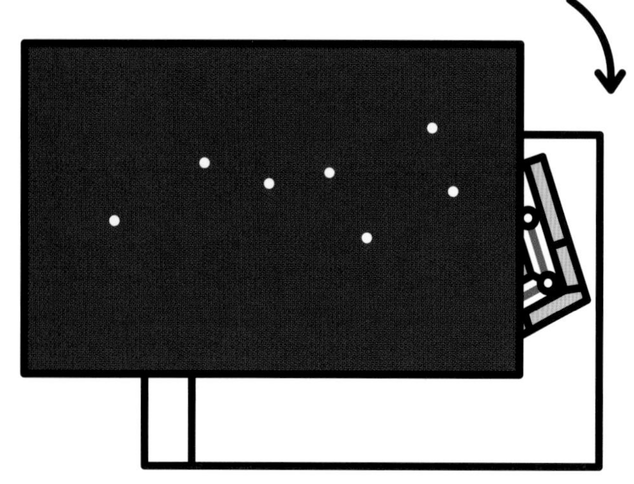

14 把电池放在下方铜箔胶带末端并固定，把左侧的纸边折过来，再把黑卡纸盖上去。

科学原理是什么？

铜箔胶带的导电性能良好，用灯泡的正极长腿和负极短腿分别把两条平行的铜箔胶带连接起来，其实就组成了一个完整的电路。电池的负极和下方的铜箔胶带连接，所以当纸边折叠回来，电池的正极就和上方的铜箔胶带接触，从而成功接通整套电路。

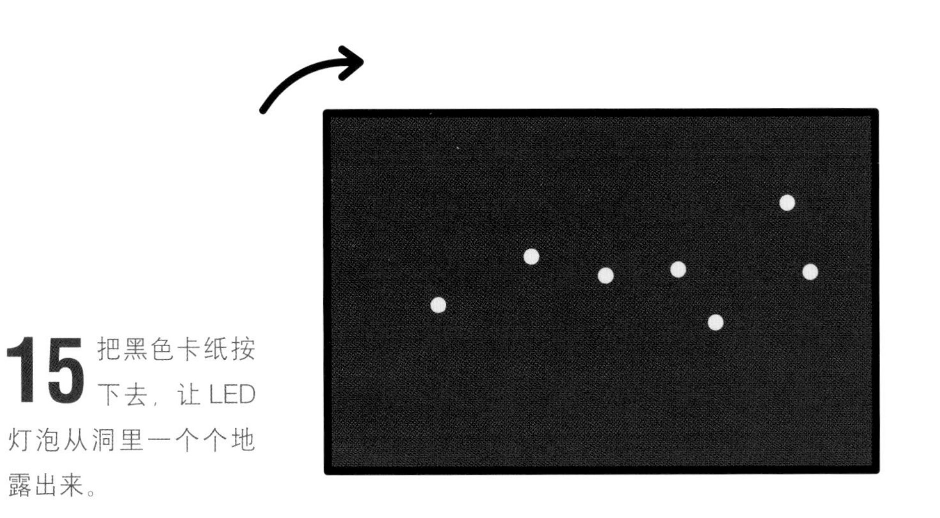

15 把黑色卡纸按下去，让 LED 灯泡从洞里一个个地露出来。

学无止境

要取得最佳效果，可以走进漆黑的房间，再按下北斗七星的电池把电路接通。不妨用胶带把白纸和黑色卡纸的四角粘起来固定，也可以拿一点橡皮泥把折叠处的侧边顶起来，方便随时安放或取出电池。

16 按一下黑色卡纸左侧，把底下白纸的折叠部分压下去，让铜箔胶带和电池产生接触，接通整个电路，北斗七星就亮起来了。如果接触不良，可以把电池的位置稍作调整。

波浪生成器

“波”是科学家口中永恒的话题之一，“光波”“声波”都以波的形式传导。那么，这些“波”又是怎么传导的呢？我们可以做一台机器，让“波”的传导过程呈现在眼前。

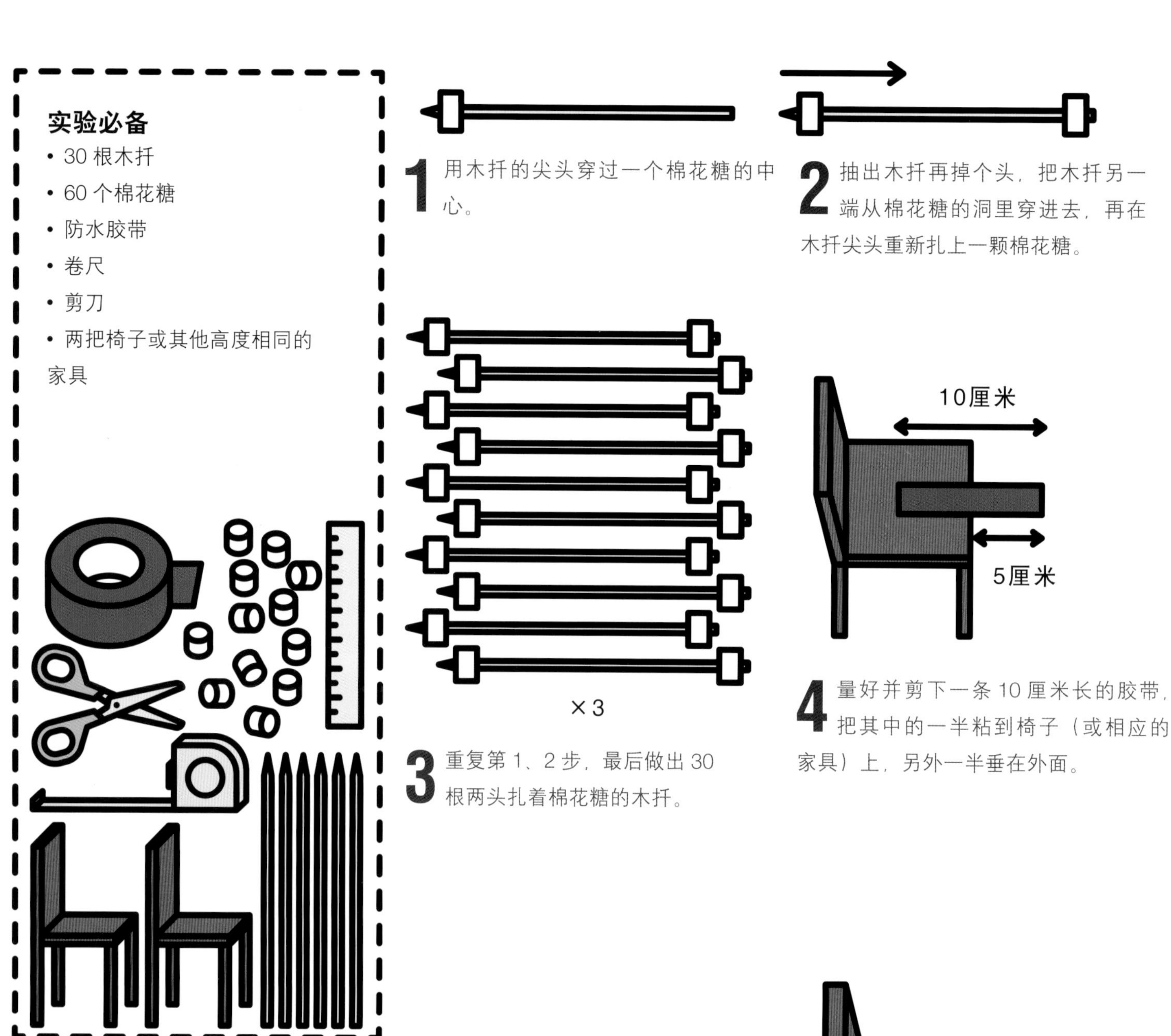

实验必备

- 30 根木扦
- 60 个棉花糖
- 防水胶带
- 卷尺
- 剪刀
- 两把椅子或其他高度相同的家具

1 用木扦的尖头穿过一个棉花糖的中心。

2 抽出木扦再掉个头，把木扦另一端从棉花糖的洞里穿进去，再在木扦尖头重新扎上一颗棉花糖。

3 重复第 1、2 步，最后做出 30 根两头扎着棉花糖的木扦。

4 量好并剪下一条 10 厘米长的胶带，把其中的一半粘到椅子（或相应的家具）上，另外一半垂在外面。

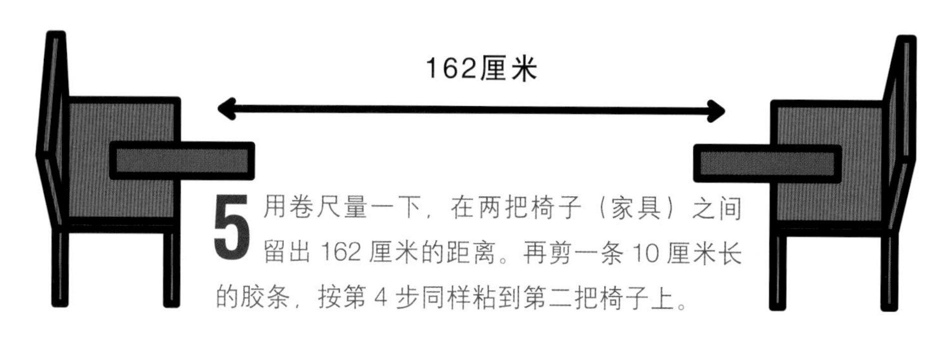

5 用卷尺量一下，在两把椅子（家具）之间留出 162 厘米的距离。再剪一条 10 厘米长的胶条，按第 4 步同样粘到第二把椅子上。

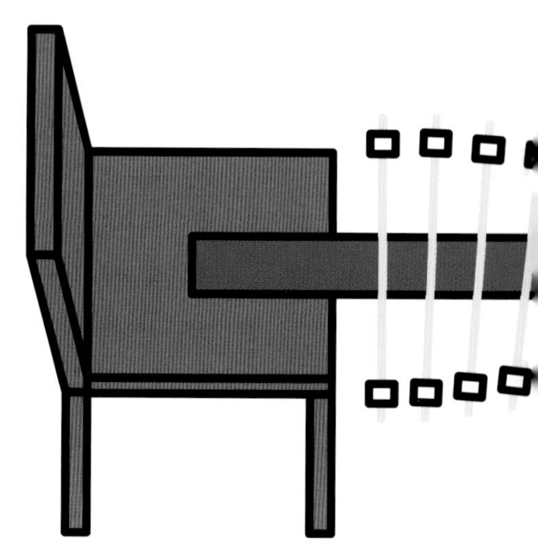

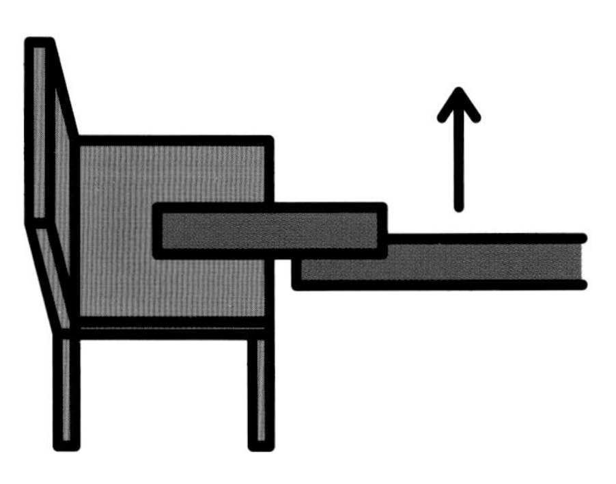

7 把胶带一直拉到另一头，和第二把椅子上垂挂的胶带粘上。这一步完成后，你会看到一条悬挂在两把椅子之间的胶带，两头各有 5 厘米分别和椅子边的胶带连接，中间露出有 152 厘米长的胶面。

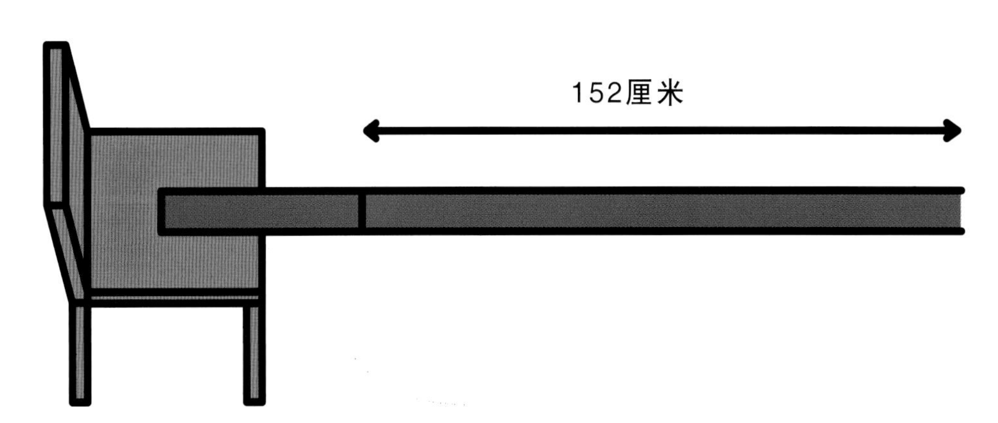

6 拉开新的胶带，胶面向上，把它和第一把椅子上垂挂的那条粘到一起。

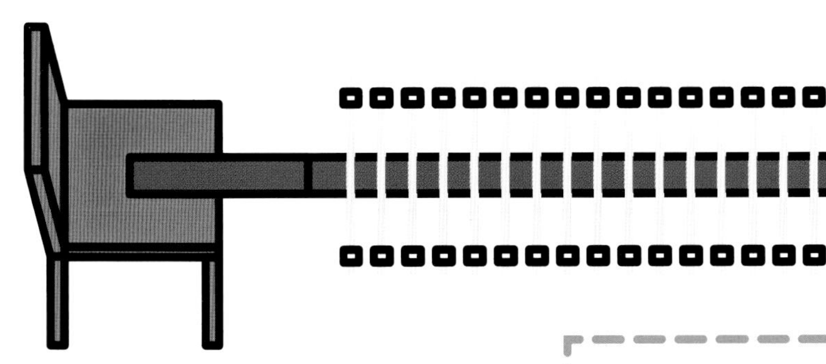

8 从一侧开始，留出几厘米的空隙，把第一根木扦的中点对准胶带粘上去。每隔 5 厘米再粘一根，最后把 30 根木扦等距离地平行粘到胶面上。

学无止境

可以换一种更重一些的糖来做实验，看会发生哪些变化。也可以用更长的胶带或是更多的木扦，看是否会影响实验结果。

科学原理是什么？

波是能量的传导路径。我们用肉眼无法看到光波或声波，但通过这台仪器，我们就可以看到能量是如何以波的形式传导的。无论是敲击、按压或是抬起，你对其中一个棉花糖做出的动作，就是在把能量传递到棉花糖上，再顺着胶带逐根木扦地传递能量。棉花糖的重量会让木扦晃动得更慢，也更容易观察。

9 现在可以看看“波”的传导了：把首或尾端的一个棉花糖向下按大约 15 厘米，然后松手，你就会看到一道“波浪”向着另一头传导过去，然后又传导回来，往返不已。

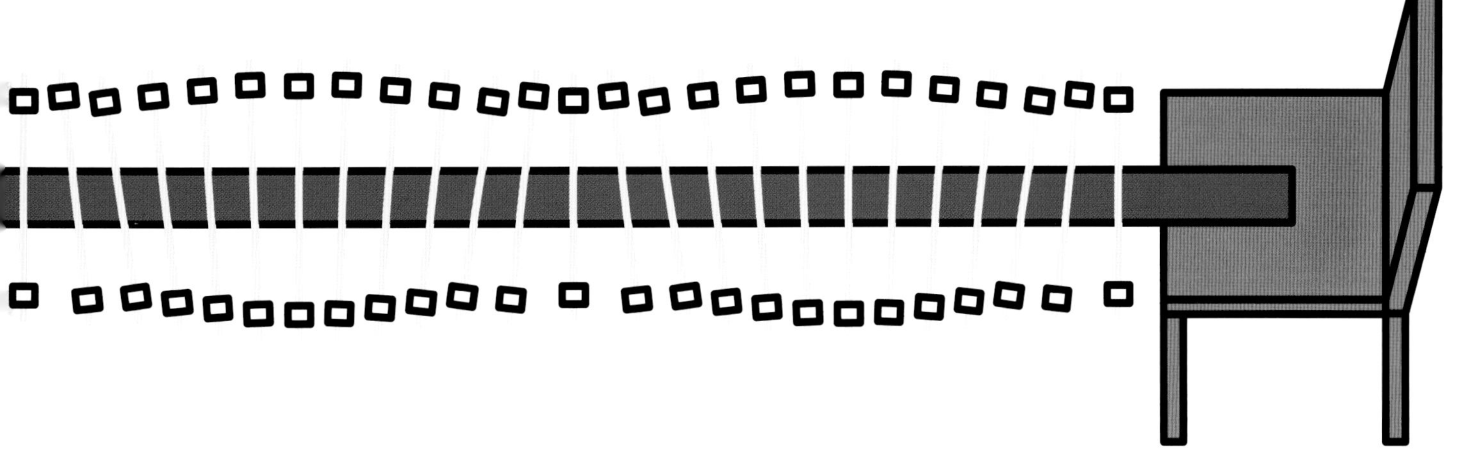

手机环绕音响

手机里收藏了不少好歌？独乐乐不如众乐乐！在家随手翻一翻，用一些简单的材料就可以制作一台音响——环绕立体声、超重低音炮，一起来欣赏吧！

实验必备

- 薯片筒
- 直尺
- 记号笔
- 手机
- 美工刀
- 两个纸杯
- 剪刀

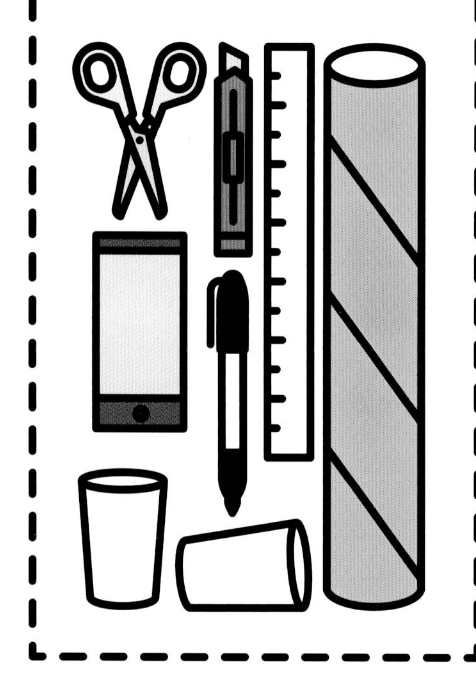

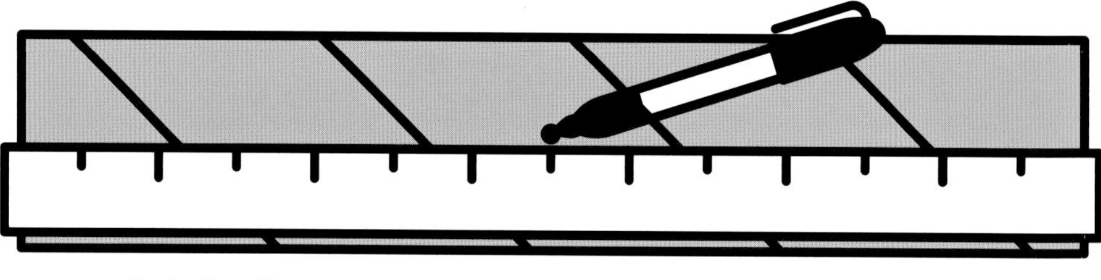

1 把薯片筒的两头底盖裁掉，得到一个两头开口的纸筒，然后用直尺量一下纸筒的长度并标好中点。

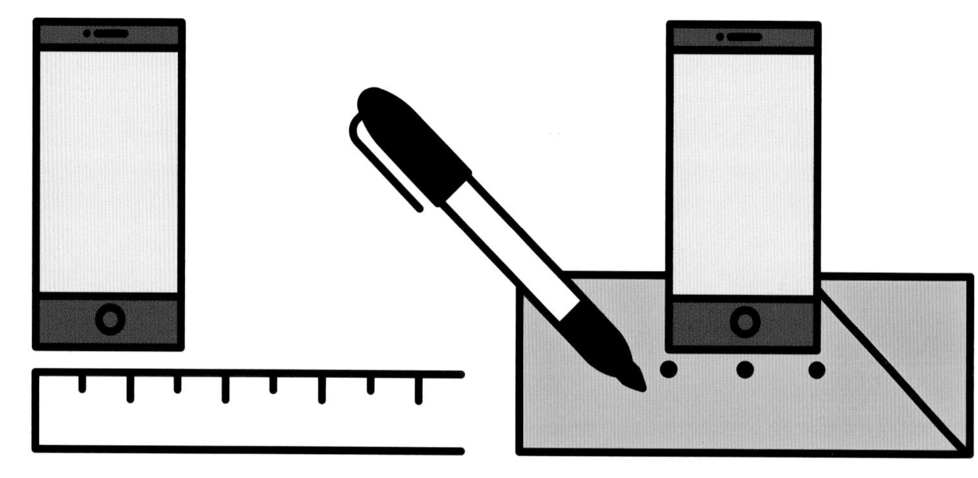

2 量一下手机的宽度。

3 把手机底部的中点和纸筒的中点对齐，再用笔将手机的左下角和右下角在纸筒上标记出来。

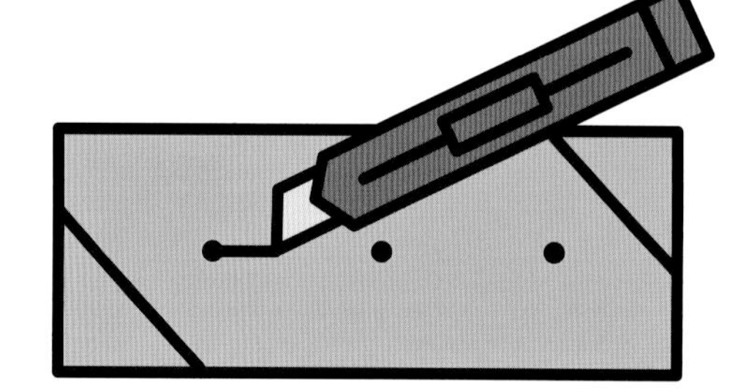

4 请大人帮忙用美工刀在这两点之间划出一道直直的口子，并从细细的一道开始慢慢拓宽，最后让手机能恰好插入并卡住。开口不能太宽，否则手机就会掉进去了。

5 将纸杯平放，把纸筒立上去，在纸杯外侧描出纸筒的圆口。

现实世界

不妨找更粗的纸筒或更大的纸杯来试一试。你会发现，给声波留出回音的空间越大，音响效果就越好。

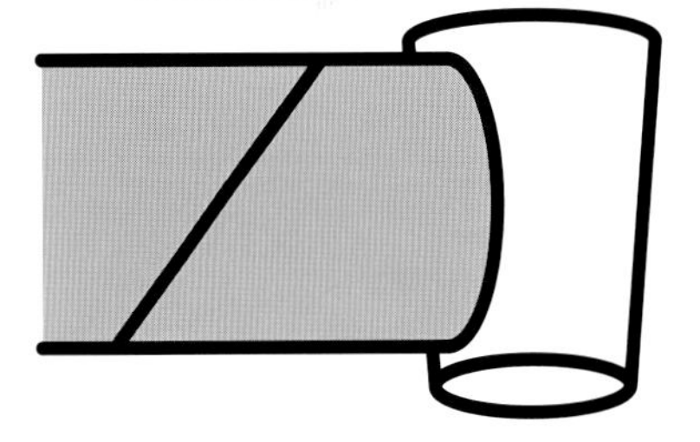

6 用剪刀根据上一步画好的圆在纸杯上剪出一个圆口。重复第5、6步，在另外一个纸杯上也剪出同样的圆口。

7 把纸筒的一头从圆口处插入纸杯，另一头插入另一个纸杯。

科学原理是什么？

声音在空气中以“波”的形式传递，也就是说因为空气的振动，我们才能听到声音。在一般情况下，直接用手机播放音乐时，声波会向四面八方传出去；但在手机插到纸筒里后，这些声波就被集中起来传到了纸杯中。如果把杯口朝向听众，所有的声波就会向这个方向传递，音乐听上去也就更响亮啦！

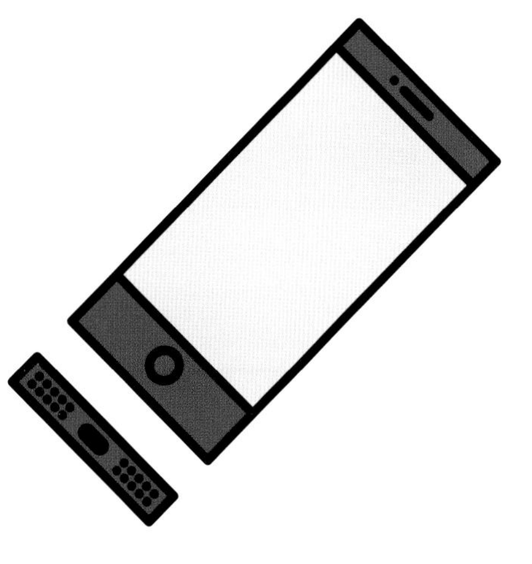

9 翻出你最喜欢的歌，按下播放键。音乐响起后，把手机的话筒一端插入纸筒中间的细长开口里卡住，你会发现音量立刻高了许多。

8 在手机上找到扬声器的位置。

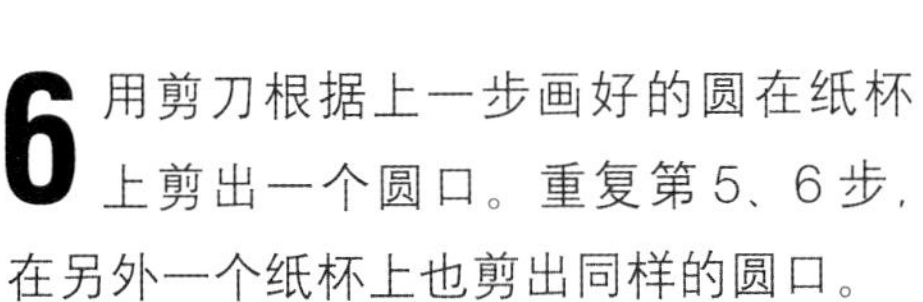

六大简单机械

我们都知道六大简单机械包括：螺旋、杠杆、斜坡、滑轮、楔子和轮轴。不如把它们全部组装到一起，看看会得到什么！

实验必备

- 一大块硬纸板（比普通的 A4 规格大）
- 一大摞书
- 两枚螺丝钉
- 防水胶带
- 一条已被对半剖开的半圆管道保温棉（尽可能长些）
- 椭圆形眼镜盒
- 用完保鲜膜后剩下的纸筒
- 木扦
- 两颗玻璃弹珠
- 两个小塑料杯（那种用来分药的小杯子）
- 15 厘米长的直尺
- 橡皮泥或蓝丁胶
- 空线轴
- 棉线
- 火柴
- 剪刀
- 气球
- 玩具小汽车
- 大头针
- 活页文件夹
- 桌子

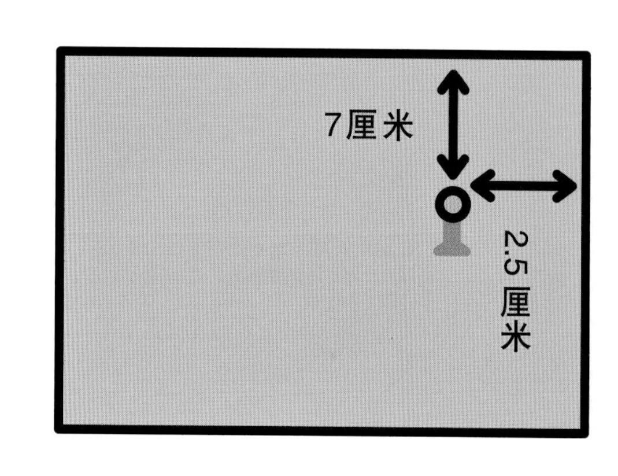

1 在硬纸板上裁出一块约为 A4 规格的纸板，找到距离短边 2.5 厘米、距离长边 7 厘米的点，在这个点上扎入一枚螺丝钉。

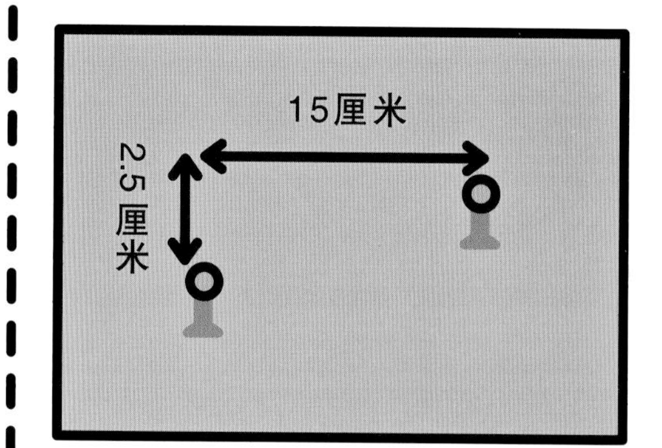

2 从这个点向左平移 15 厘米、再向下平移 2.5 厘米找到一个新的点，在这个点上再扎入一枚螺丝钉。

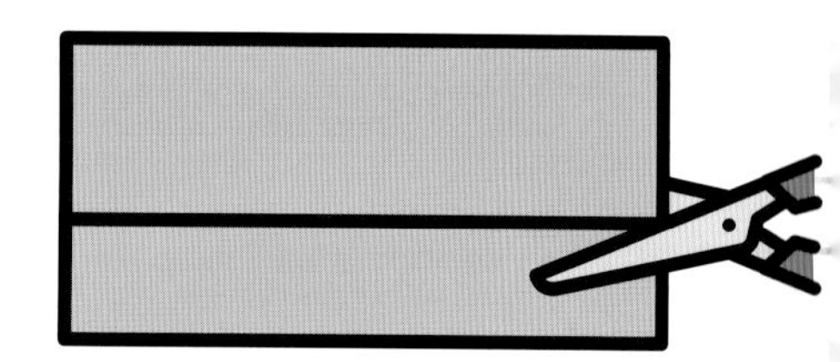

3 剪一块纸板，长度略短于 A4 纸的长，宽度则相当于玻璃弹珠直径的 1.5 倍。

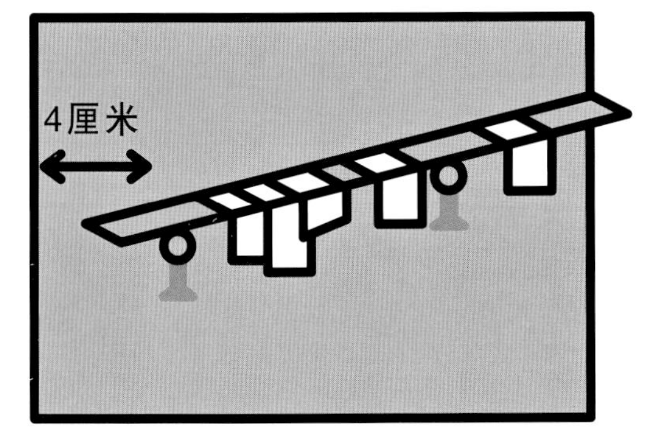

4 如图把这块窄窄的纸板垂直于大纸板，搭到两枚螺丝钉上，做成一个斜坡，坡底距离大纸板的左侧留出 4 厘米的距离，然后用胶带固定。

5 再剪一条长约 5 厘米的纸板，粘到坡底旁的大纸板边缘以用于挡住玻璃弹珠，避免其滚出大纸板的边界。

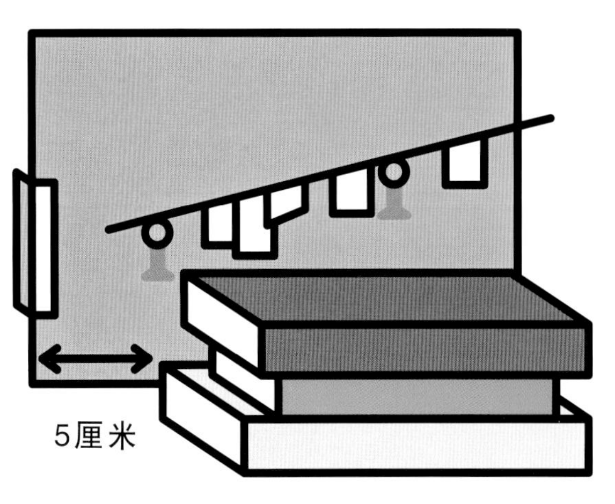

6 把书堆成两摞，再把大纸板立着夹到两摞书中间站稳。纸板的左侧要超出书堆 5 厘米左右。

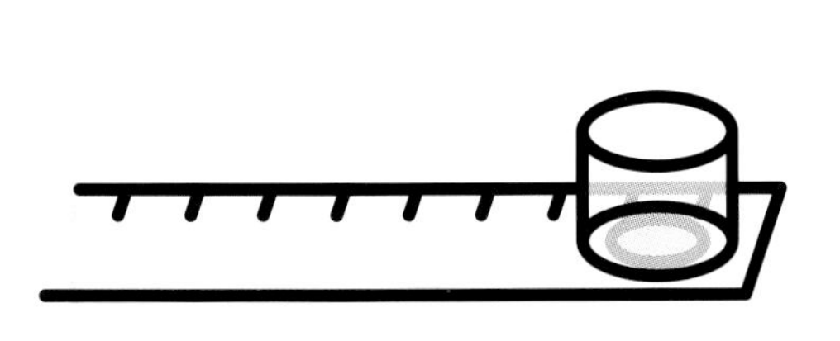

7 用橡皮泥或蓝丁胶把一个小塑料杯粘到直尺的一端。

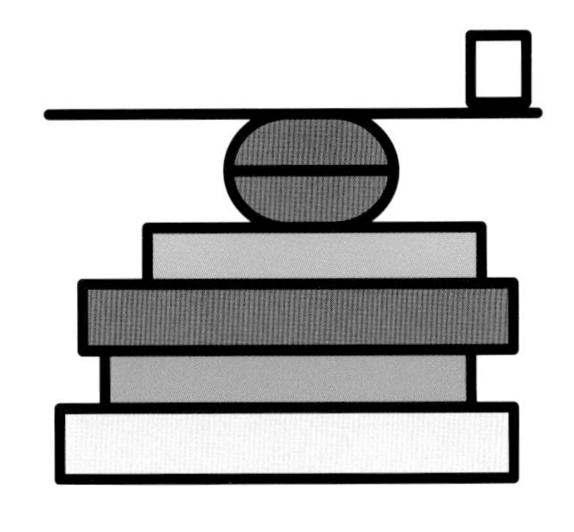

8 再垒一堆书或找一个小一点的纸盒，把眼镜盒放上去，再把粘着塑料杯的直尺找个平衡点搭到眼镜盒上，使直尺能保持水平。如果没有弧形眼镜盒，也可以用空的小调味瓶、卫生纸筒甚至是一根香蕉代替！塑料杯的位置应该正好位于刚刚立起的大纸板上的斜坡坡底。

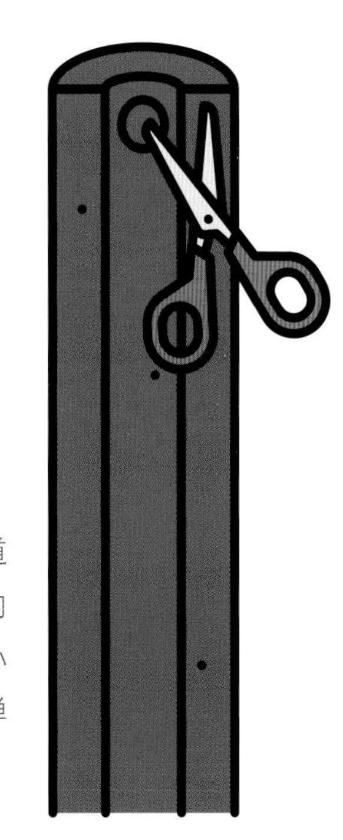

9 用剪刀在管道保温棉一头内侧挖一个浅浅的小洞，让一颗玻璃弹珠"坐"进去。

10 把保温棉再放到另一堆书上，让它的两头都伸出来，且托着玻璃弹珠的一头正好位于直尺空着的那一头上方。如果直尺这一头翘起，应该可以抬起保温棉管托有玻璃弹珠的一头。

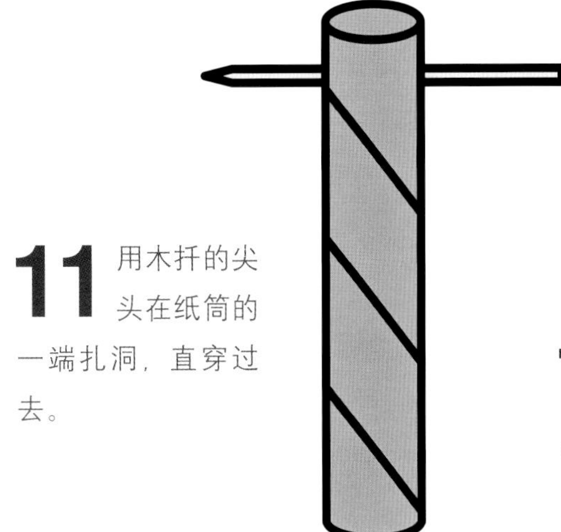

11 用木扦的尖头在纸筒的一端扎洞，直穿过去。

1米

12 剪一段长约 1 米的细线，一头在火柴棍上系牢，另一头在第二个小塑料杯上缠一圈再用胶带固定。

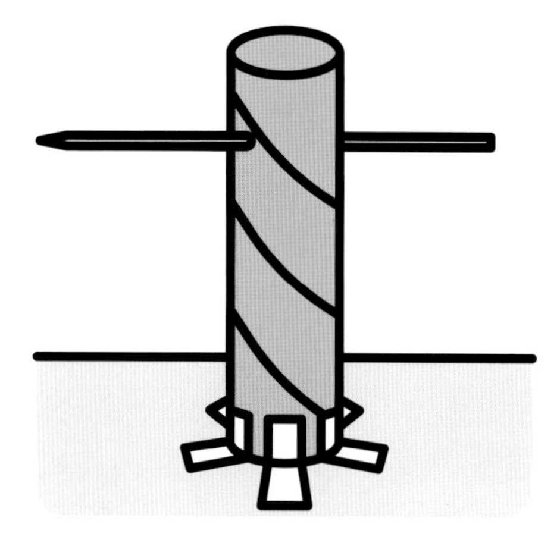

13 把纸筒靠近保温棉管未放弹珠的一端立起，保证木扦和桌面平行，把纸筒粘牢固定到桌面上。

14 把两头分别系着火柴和小塑料杯的细线的中段缠绕到线轴上，再把线轴挂到木扦上。把小塑料杯横放到棉管尽头准备接珠子，装置如图。

15 量一下文件夹的宽度，以这个宽度为长度剪两条硬纸片，横着粘到文件夹上，就做成了小汽车的跑道。

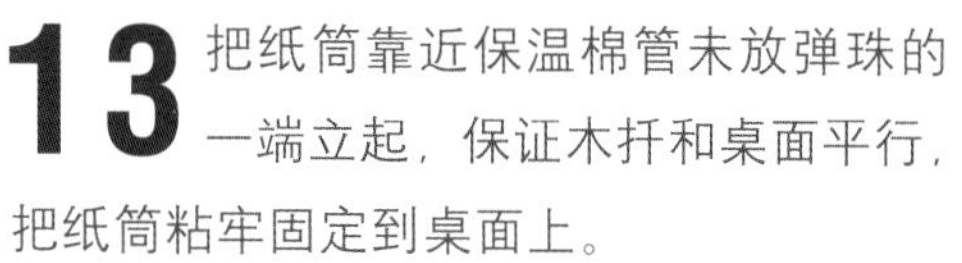

16 用橡皮泥或蓝丁胶把大头针固定到小汽车的车头，大头针指向前方。

17 把文件夹放在纸筒旁边，文件夹背脊和桌边对齐，文件夹的开口向里。

嘭！

科学原理是什么？

第一颗玻璃弹珠从纸板斜坡上滚下来，会掉进第一个小塑料杯，抬起直尺的另一端，接着启动保温棉一头放置的第二颗玻璃弹珠；第二颗玻璃弹珠会顺着保温棉滚下，落入第二个塑料杯里，进而把细线向下拉拽；此时，撑开文件夹的火柴会被扯出来，让文件夹合上并成为第三个斜坡，小汽车就可以顺着跑道跑下来，把大头针直直地刺入气球。那么，你注意到这 6 个机械分别是什么了吗——拧到纸板里的螺丝钉撑起了第一个纸板斜坡；眼镜盒上起杠杆作用的直尺；保温棉是第二个斜坡；线轴和细线一起构成了滑轮；小汽车的车轮和车轴构成了轮轴；小汽车车头的大头针则是一个楔子，最后把气球扎破。

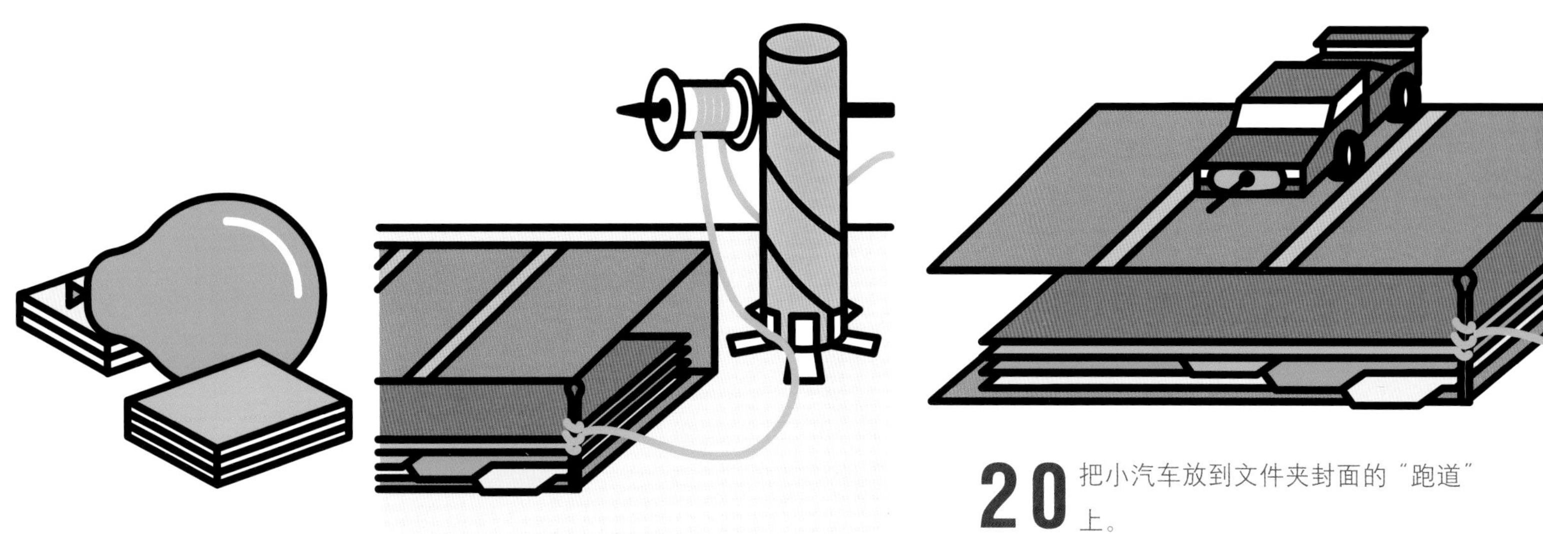

18 把气球吹起来，扎紧，放到文件夹开口前方小汽车会撞上去的位置，再用两本书把气球固定在那里。

19 把文件夹打开，用火柴棍支在文件夹开口的一角上。检查一下线轴和火柴棍之间的细线，不能太松也不能太紧。而线轴与第二个小塑料杯之间的细线则不能过长，以防止在弹珠滚入塑料杯后，塑料杯无法扯动线轴。

20 把小汽车放到文件夹封面的"跑道"上。

21 一切就绪，只欠启动！把一颗玻璃弹珠放到第 1 ~ 5 步做好的第一个斜坡上，看看它会滚向哪里、撞到什么！

科学词典

你是不是还不太明白某些科学名词？没关系，这个章节就是为你设计的，一起来看看这些词到底是什么意思吧！为了更方便理解，以下释义只是通俗解释，并不是这些科学名词的严格定义哦！

测地线：曲面上的两点之间最短的距离。

磁场：磁铁周围能够吸引或排斥有磁性物体的范围。

单极马达：直流电可以驱动的简易马达。

导体：可以轻易传导电流或热量的物质。

等边：每条边的长度都相等。

电极：导电介质的两端，分为正极和负极。

电路：电器设备中电流传输的路径，一般由金属导线连接而成。

动量：运动的物体的质量和其速度的乘积。

动能：物体因运动而蓄积的能量。

发光二极管（即 LED 灯泡）：一种在电流通过时会发光的半导体。

浮力：指物体在水或其他液体里受到的向上的推力。

杠杆：在某一固定支点（中心点）上搭放的杆，比如跷跷板。它也是六大简单机械之一。

拱心石：拱形顶部最中央的石块，拱心石自身的重量会分散给拱形的其他部位，使所有石块紧密契合。

惯性：物体保持其原有静止或直行状态的倾向。

滑轮：由一个转轮和一根绳索组成，在向下拉动绳索的一端时可以拉起另一端的物体。滑轮也是六大简单机械之一。

挤压：指的是向物体内部——如某个结构的关节或连接处——施加的压力。

简单机械：共 6 种，包括轮轴、杠杆、斜面、滑轮、螺旋，还有楔子，其他更复杂、更高级的机械都由它们组成。

交流电：家庭用电都是交流电，电流方向会在一秒钟之内快速变化多次。

可见光谱：我们用肉眼可以看到的颜色，也是组成彩虹的色彩。

空气动力学：空气动力学的主要目的是将空气中运动的物体遭遇的阻力降低到最小。

扩音：指把声音放大、提高音量的方法，如把双手拢在嘴边，让自己的声音更大。

力：拉或推时一个物体对另一个物体产生的作用。

轮子：可以旋转的圆盘，一般围绕轴转动，与轴一起组成六大简单机械之一。

螺旋：通过不断旋转而产生向前运动的简单机械。

马格努斯效应：空气中旋转的物体受到的外力，根据物体旋转方向的不同，可以使这一物体向上、向下或向左右移动。

摩擦力：当某一物体在另一物体表面运动或有运动趋势时产生的阻力。

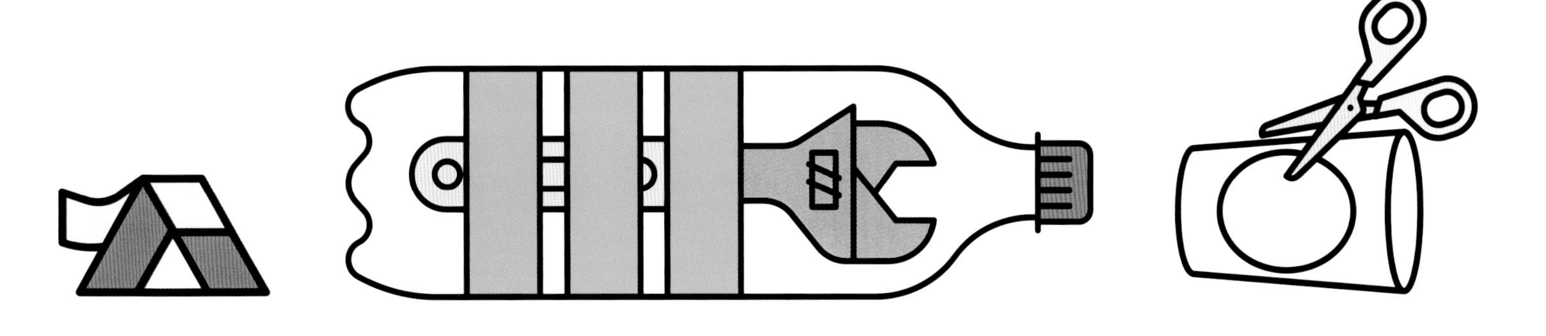

能量：能促发变化或使物体运动的能力。

牛顿运动定律：一共包括三条定律，由英国物理学家艾萨克·牛顿在 17 世纪总结提出。牛顿运动定律是所有机械工程学的理论基础。

钕磁铁：也叫强力磁铁，比普通磁铁的吸力强百倍。

势能：当某一物体被拉扯、扭曲、折弯、压扁或举高时，在其自身内部储存的能量。

五角形：具有五条边的平面图形。

斜面：也叫斜坡，是六大简单机械之一。

楔子：呈三角形的物体，用于分离两个物体，或固定某个东西。楔子也是六大简单机械之一。

压力：垂直作用于某一物体表面的力。

引力：两个具有质量的物体之间相互吸引的作用力。

张力：物体在受到拉、伸、拽、扯等作用时，存在于其内部而垂直于相邻接触面上的相互牵引力。

振动：物体的快速前后运动，如用手在桌面拍打就会产生振动。

质量：某一物体具有的物质的量，虽然人们经常用“公斤/千克”或“盎司”等作为质量的单位，但要注意质量并不等同于重量。

直流电：储存在电池中、作用时方向不变的电流。

轴：穿过轮子中心点的直杠叫作轴，能和轮子组成六大简单机械之一。有的轴是固定的，可以辅助轮子的转动，有的轴则和轮子同时转动。

阻力：物体在空气或水中运动时受到的会减慢其运动速度的力。

图书在版编目（CIP）数据

STEAM 科学动起来 /（英）罗布·贝迪著；（英）萨姆·皮特绘；王晓军译. -- 海口：南海出版公司，2019.11

ISBN 978-7-5442-8075-4

Ⅰ. ①S… Ⅱ. ①罗… ②萨… ③王… Ⅲ. ①科学实验-少儿读物 Ⅳ. ①N33-49

中国版本图书馆 CIP 数据核字（2019）第 168002 号

著作权合同登记号　图字：30-2019-087

Excellent Engineering
Copyright © 2019 Quarto Publishing plc
Written by Rob Beattie
Illustrated by Sam Peet
First Published in 2019 by QED Publishing
an imprint of The Quarto Group
The Old Brewery, 6 Blundell Street,
London N7 9BH, United Kingdom
Simplified Chinese translation © 2019 ThinKingdom Media Group Ltd.

Printed in China.

STEAM 科学动起来
〔英〕罗布·贝迪 著
〔英〕萨姆·皮特 绘
王晓军 译

出　版　南海出版公司　(0898)66568511
　　　　海口市海秀中路51号星华大厦五楼　邮编 570206
发　行　新经典发行有限公司
　　　　电话(010)68423599　邮箱 editor@readinglife.com
经　销　新华书店

责任编辑　侯明明　陈梓莹
装帧设计　李照祥
内文制作　博远文化

印　刷　北京利丰雅高长城印刷有限公司
开　本　635毫米×965毫米　1/8
印　张　12
字　数　60千
版　次　2019年11月第1版
印　次　2019年11月第1次印刷
书　号　ISBN 978-7-5442-8075-4
定　价　88.00元